Tecnologia na indústria farmacêutica

Tecnologia na indústria farmacêutica

Vinícius Bednarczuk de Oliveira
Patrícia Rondon Gallina Menegassa
Paulo Henrique Gouveia
Karolina Marques Rodrigues

Rua Clara Vendramin, 58 . Mossunguê . CEP 81200-170
Curitiba . PR . Brasil . Fone: (41) 2106-4170
www.intersaberes.com . editora@intersaberes.com

Conselho editorial
Dr. Alexandre Coutinho Pagliarini
Dr.ª Elena Godoy
Dr. Neri dos Santos
M.ª Maria Lúcia Prado Sabatella

Editora-chefe
Lindsay Azambuja

Gerente editorial
Ariadne Nunes Wenger

Assistente editorial
Daniela Viroli Pereira Pinto

Preparação de originais
Gilberto Girardello Filho

Edição de texto
Camila Rosa
Millefoglie Serviços de Edição

Capa
Sílvio Gabriel Spannenberg (*design*)
Quality Stock Arts, l i g h t p o e t,
Gorodenkoff, i viewfinder e Jasen Wright/
Shutterstock (imagens)

Projeto gráfico
Charles L. da Silva (*design*)
Jasen Wright/Shutterstock (imagem)

Diagramação
Querido Design

Equipe de *design*
Ana Lucia Rosendo Cintra
Sílvio Gabriel Spannenberg

Iconografia
Regina Claudia Cruz Prestes
Sandra Lopis da Silveira

Dados Internacionais de Catalogação na Publicação (CIP)
(Câmara Brasileira do Livro, SP, Brasil)

Tecnologia na indústria farmacêutica / Vinícius Bednarczuk de Oliveira... [et al.]. -- Curitiba, PR : InterSaberes, 2025.

Outros autores: Patrícia Rondon Gallina Menegassa, Paulo Henrique Gouveia, Karolina Marques Rodrigues
Bibliografia.
ISBN 978-85-227-1310-3

1. Indústria farmacêutica 2. Indústria farmacêutica - Inovações tecnológicas I. Oliveira, Vinícius Bednarczuk de. II. Menegassa, Patrícia Rondon Gallina. III. Gouveia, Paulo Henrique. IV. Rodrigues, Karolina Marques.

24-200321   CDD-338.476151

Índices para catálogo sistemático:
1. Tecnologia : Indústria farmacêutica 338.476151
Cibele Maria Dias – Bibliotecária – CRB-8/9427

1ª edição, 2025.
Foi feito o depósito legal.

Informamos que é de inteira responsabilidade dos autores a emissão de conceitos.

Nenhuma parte desta publicação poderá ser reproduzida por qualquer meio ou forma sem a prévia autorização da Editora InterSaberes.

A violação dos direitos autorais é crime estabelecido na Lei n. 9.610/1998 e punido pelo art. 184 do Código Penal.

Sumário

9   *Apresentação*
11 *Como aproveitar ao máximo este livro*

Capítulo 1
15 **Princípios da farmacotécnica aplicada à indústria**
17 1.1 Introdução à farmacotécnica
19 1.2 Bases da farmacotécnica
22 1.3 Formas farmacêuticas
30 1.4 Novas formas farmacêuticas
39 1.5 Características e componentes das formas farmacêuticas
48 1.6 Controle de qualidade aplicado à farmacotécnica

Capítulo 2
59 **Cosmetologia: tendências e atualidades**
61 2.1 Contexto histórico da cosmetologia
64 2.2 Mercado mundial
66 2.3 Conceitos aplicados à cosmetologia
71 2.4 Formulações clássicas da cosmetologia
73 2.5 Controle de qualidade aplicado à cosmetologia

Capítulo 3
83 **Tecnologia e análise bromatológica na ciência farmacêutica**
85 3.1 Introdução à bromatologia
86 3.2 Fundamentos da bromatologia
90 3.3 Composição dos alimentos
95 3.4 Qualidade dos alimentos
98 3.5 Segurança alimentar
103 3.6 Análise bromatológica: técnicas e aplicações
107 3.7 Tecnologia de alimentos

Capítulo 4
113 **Enzimologia e tecnologia de fermentações**
115 4.1 Principais conceitos referentes às tecnologias enzimáticas
116 4.2 Princípios e conceitos da enzimologia
120 4.3 Princípios e conceitos da tecnologia de fermentações
123 4.4 Produtos para a saúde derivados da enzimologia
127 4.5 Produtos alimentícios derivados da enzimologia
128 4.6 Controle de qualidade relacionado à enzimologia

Capítulo 5
135 **Controle e garantia da qualidade em farmácia**
137 5.1 Definições e conceitos fundamentais
138 5.2 Controle da qualidade: matérias-primas e insumos farmacêuticos
141 5.3 Processo de produção: etapas e importância do monitoramento
143 5.4 Testes de laboratório: pureza e potência dos produtos farmacêuticos
146 5.5 Validação de processos: qualidade na indústria farmacêutica
148 5.6 Boas práticas de fabricação (BPF): fundamentos e aplicação na indústria farmacêutica
151 5.7 Sistemas de rastreabilidade

154	5.8 Gestão de documentação
156	5.9 Auditorias e inspeções na indústria farmacêutica
160	5.10 Desafios atuais e futuros na garantia da qualidade na indústria farmacêutica

Capítulo 6
167 Estudos de caso

169	6.1 Introdução aos estudos de caso
169	6.2 Envelhecimento cutâneo
173	6.3 A indústria de cosméticos
176	6.4 Desvio de qualidade no controle de qualidade farmacêutico
179	6.5 Controle de qualidade e garantia de qualidade do ibuprofeno
181	6.6 Análise bromatológica de massa de pão de trigo
187	*Considerações finais*
189	*Referências*
193	*Respostas*
197	*Sobre os autores*

Apresentação

Na era contemporânea, a interseção entre tecnologia e indústria farmacêutica se mostra fundamental para a evolução e o aprimoramento dos processos relacionados à produção de medicamentos e cuidados com a saúde. Sob essa perspectiva, neste livro, promovemos uma análise minuciosa da influência da tecnologia em diversos domínios, tais como a farmacotécnica, a cosmetologia, a análise bromatológica, a enzimologia e o controle de qualidade.

Nosso intuito é capacitar os profissionais farmacêuticos e estudantes da área a enfrentar os complexos desafios do setor farmacêutico, fornecendo uma visão aprofundada das inovações mais significativas proporcionadas pelo contexto tecnológico. Assim, esta obra é dirigida àqueles que buscam aprimorar suas práticas e, com efeito, contribuir para o avanço contínuo da saúde pública.

Ademais, problematizamos neste escrito o papel da tecnologia para a otimização da eficiência operacional, a promoção da inovação e, consequentemente, a melhoria contínua dos produtos farmacêuticos.

Organizamos este livro em seis capítulos, conforme a seguinte distribuição: no Capítulo 1, apresentamos as bases da farmacotécnica, aplicando-as ao contexto industrial. Essa abordagem introdutória serve como alicerce para tratarmos dos processos de produção farmacêutica integrando a teoria à prática de maneira acessível e relevante.

No Capítulo 2, versamos sobre o conceito de cosmetologia e analisamos as últimas tendências e avanços da área. Ainda, debatemos a relação entre os cuidados de beleza e as possibilidades fornecidas pela esfera farmacêutica, com foco nas inovações e demandas do mercado.

No Capítulo 3, abordamos a importância da tecnologia na análise bromatológica, destacando métodos avançados e ferramentas que elevam a precisão e a eficácia das análises utilizadas na ciência farmacêutica.

Dando continuidade, no Capítulo 4, exploramos a aplicação da enzimologia e da tecnologia de fermentações na produção de medicamentos, enfatizando os processos bioquímicos envolvidos.

No Capítulo 5, discorremos sobre o controle e a garantia da qualidade, delineando práticas e tecnologias essenciais para assegurar a integridade e a eficácia dos produtos farmacêuticos.

Por fim, no Capítulo 6, apresentamos alguns estudos de caso a fim de conectar os conceitos abordados nos capítulos anteriores a situações do mundo real. Desse modo, promovemos uma aplicação concreta dos conhecimentos adquiridos, consolidando a aprendizagem de maneira contextualizada.

Como aproveitar ao máximo este livro

Empregamos nesta obra recursos que visam enriquecer seu aprendizado, facilitar a compreensão dos conteúdos e tornar a leitura mais dinâmica. Conheça a seguir cada uma dessas ferramentas e saiba como elas estão distribuídas no decorrer deste livro para bem aproveitá-las.

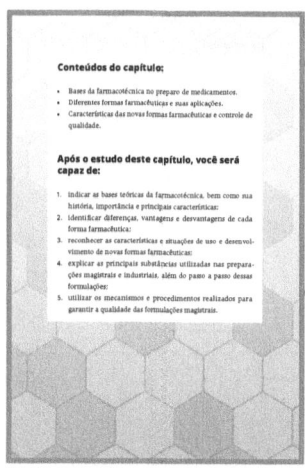

Conteúdos do capítulo:

Logo na abertura do capítulo, relacionamos os conteúdos que nele serão abordados.

Após o estudo deste capítulo, você será capaz de:

Antes de iniciarmos nossa abordagem, listamos as habilidades trabalhadas no capítulo e os conhecimentos que você assimilará no decorrer do texto.

Síntese

Ao final de cada capítulo, relacionamos as principais informações nele abordadas a fim de que você avalie as conclusões a que chegou, confirmando-as ou redefinindo-as.

Para saber mais

Sugerimos a leitura de diferentes conteúdos digitais e impressos para que você aprofunde sua aprendizagem e siga buscando conhecimento.

Importante!

Algumas das informações centrais para a compreensão da obra aparecem nesta seção. Aproveite para refletir sobre os conteúdos apresentados.

Questões para revisão

Ao realizar estas atividades, você poderá rever os principais conceitos analisados. Ao final do livro, disponibilizamos as respostas às questões para a verificação de sua aprendizagem.

Questões para reflexão

Ao propor estas questões, pretendemos estimular sua reflexão crítica sobre temas que ampliam a discussão dos conteúdos tratados no capítulo, contemplando ideias e experiências que podem ser compartilhadas com seus pares.

Capítulo 1
Princípios da farmacotécnica aplicada à indústria

Karolina Marques Rodrigues

Conteúdos do capítulo:

- Bases da farmacotécnica no preparo de medicamentos.
- Diferentes formas farmacêuticas e suas aplicações.
- Características das novas formas farmacêuticas e controle de qualidade.

Após o estudo deste capítulo, você será capaz de:

1. indicar as bases teóricas da farmacotécnica, bem como sua história, importância e principais características;
2. identificar diferenças, vantagens e desvantagens de cada forma farmacêutica;
3. reconhecer as características e situações de uso e desenvolvimento de novas formas farmacêuticas;
4. explicar as principais substâncias utilizadas nas preparações magistrais e industriais, além do passo a passo dessas formulações;
5. utilizar os mecanismos e procedimentos realizados para garantir a qualidade das formulações magistrais.

1.1 Introdução à farmacotécnica

A profissão farmacêutica é relativamente recente. Seu início foi reconhecido no Brasil somente em 1857, com a publicação do Decreto n. 2.055 (Brasil, 1857), que transformou as boticas daquela época nas farmácias e drogarias atuais. Contudo, a prática de manipular substâncias para produzir medicamentos iniciou-se na pré-história. Os primeiros hominídeos misturavam plantas, frutos e argila a fim de tratar doenças e proteger o corpo.

Na região da Mesopotâmia, foi encontrada a chamada *Tábua de Nippur*, considerada o mais antigo texto farmacêutico de que temos notícia, datado de 3000 a.C. Esse documento descreve algumas receitas para a preparação de medicamentos em forma de pomadas, soluções e pílulas para uso retal e vaginal, a partir de substâncias de origem vegetal, animal ou mineral.

Os egípcios também foram grandes usuários e desbravadores das ciências farmacêuticas. Eles misturavam minerais e gorduras de origem animal para proteger a pele e os cabelos contra os raios solares, bem como para fins estéticos.

Na Roma Antiga, nasceu o médico-farmacêutico Cláudio Galeno, a figura mais importante da Antiguidade para o segmento farmacêutico. Seguindo os conceitos cunhados por Hipócrates, Galeno classificou os medicamentos da época de acordo com suas classes terapêuticas.

O médico romano defendia o uso racional desses fármacos, uma vez que, no momento da indicação, ele avaliava a qualidade dos medicamentos, a quantidade necessária ao organismo para o efeito desejado, o modo de preparação, a via de administração e o tempo de aplicação do medicamento – etapas que até hoje são cumpridas no atendimento farmacêutico. Já naquele período Galeno se preocupava com a manipulação correta dos medicamentos.

Galeno também descreveu os princípios ativos utilizados, explicando como eles deveriam ser preparados, quais ajustes poderiam ser realizados (caso necessitassem de alguma atividade corretiva) e, ainda, qual seria a melhor técnica para misturar princípios ativos e excipientes.

No início do século II, os árabes criaram a primeira escola de farmácia de que se tem notícia, a fim de formar profissionais aptos a incrementar as diversas fórmulas existentes para melhor atender às necessidades da época de maneira segura.

Séculos depois, surgiram as primeiras boticas na Espanha e na França, sendo o boticário o responsável por estudar as substâncias e manipular as fórmulas adequadamente, conforme os sintomas apresentados pelos pacientes.

No Brasil, as primeiras boticas foram erguidas com a chegada dos jesuítas, que sempre contavam com alguém para atender os doentes e preparar os medicamentos. Embora os boticários exercessem a profissão, não tinham nenhuma formação específica, apenas uma autorização da Corte portuguesa para vender fármacos e prestar atendimento. Foi somente em 1839 que foi criada a primeira escola de farmácia brasileira, na cidade de Ouro Preto, em Minas Gerais, e a primeira turma se formou alguns anos depois.

O ano de 1857 representou um grande marco na história farmacêutica do país. Isso porque, a partir dessa data, apenas farmacêuticos habilitados poderiam exercer a profissão. Esse cenário significou o fim das boticas e deu origem a uma nova fase para a profissão. Nos anos subsequentes, com os avanços de tecnologia e o surgimento de novas necessidades financeiras, foram implantadas as primeiras indústrias farmacêuticas do Brasil. Então, os farmacêuticos deixaram de ser somente manipuladores de fármacos e ganharam centralidade na cadeia de produção e distribuição de medicamentos.

Entre as ciências farmacêuticas, a farmacotécnica fornece os subsídios para a produção de medicamentos seguros e eficazes no tratamento e na prevenção de doenças da população.

Neste capítulo, estudaremos os fundamentos da farmacotécnica, levando em conta o efeito desejado, a forma farmacêutica ideal e a melhor via de administração, com base em um rígido controle de qualidade.

1.2 Bases da farmacotécnica

Uma das principais ciências farmacêuticas é a farmacotécnica, que consiste na arte de transformar substâncias sintéticas ou naturais em medicamentos. Ela engloba um conjunto de conhecimentos teóricos e práticos que possibilitam ao profissional farmacêutico sintetizar novos medicamentos em formas farmacêuticas seguras e eficazes. Vale ressaltar que todo produto sintetizado nesse processo é destinado à promoção da saúde e deve passar por um rígido controle de qualidade.

A farmacotécnica abrange a preparação, o acondicionamento e a distribuição ou dispensação dos medicamentos. Entretanto, com um mercado cada vez mais exigente e carente de novas formulações, surgiu uma nova incumbência para os profissionais da farmacotécnica: o desenvolvimento e a melhoria de formas farmacêuticas. Nesse novo cenário, tornou-se necessário estudar os componentes das fórmulas e o processo de fabricação de cada uma, além de avaliar qual é a melhor forma farmacêutica para o preparo e qual é o método de conservação mais indicado para garantir que determinada fórmula permaneça estável após sua comercialização.

No complexo processo de transformação de substâncias em medicamentos realizada pela farmacotécnica é fundamental considerar aspectos como: o efeito terapêutico esperado; a patologia para a qual o medicamento será indicado; o público-alvo da droga; as condições necessárias para seu transporte e armazenamento; a forma farmacêutica; e a via de administração mais eficazes.

O reconhecimento preciso de todos esses fatores depende de conhecimentos relativos a outras áreas da farmácia, como: a farmacologia e a farmacognosia, as quais são importantes para estabelecer a via de administração de determinada substância e os efeitos esperados no organismo; a química farmacêutica, que proporciona o desenvolvimento de novas moléculas ou o aperfeiçoamento das que já existem; a físico-química, a química geral e a química orgânica, para garantir a eficácia e a segurança dos produtos; a fisiologia, a patologia, a parasitologia e a microbiologia, fundamentais para compreender como as moléculas podem alterar as respostas fisiológicas do organismo e como elas atuarão no processo de cura e recuperação das doenças.

Entre as ciências que devem fazer parte do processo de formulação de novos medicamentos, a farmacocinética talvez seja uma das mais relevantes. Para que a comercialização de uma nova droga tenha sucesso, é importante conhecer o público-alvo do medicamento e, consequentemente, adaptar a formulação para compostos farmacêuticos mais aceitos e fáceis de administrar. Por exemplo, as crianças têm mais dificuldade para deglutir comprimidos; dessa maneira, elas podem utilizar medicamentos líquidos. E para pacientes internados, sedados e/ou em uso de polifarmácia, a administração dos fármacos via parenteral, em geral, é a indicada, por ser mais rápida.

Ciente das características e particularidades inerentes à transformação de substâncias em medicamentos, a indústria farmacêutica concentra esforços para produzir formas farmacêuticas específicas para as necessidades dos consumidores. Nessa perspectiva, além da escolha da forma ideal, a farmacotécnica também deve levar em conta o efeito terapêutico desejado do fármaco. E os profissionais envolvidos com essa área precisam conhecer os seguintes processos:

- **Absorção**: refere-se à passagem das substâncias do local de administração para a corrente sanguínea. É determinante para a escolha da via de administração.

- **Distribuição:** corresponde à circulação do fármaco pela corrente sanguínea até encontrar seu alvo terapêutico. Esse transporte ocorre através de proteínas plasmáticas, e somente os fármacos livres estão disponíveis para desencadear uma resposta ou serem eliminados.
- **Biotransformação:** chegada dos fármacos ao fígado, onde servem de substrato para várias enzimas, as quais transformam as substâncias em metabólitos ativos ou inativos.
- **Excreção:** eliminação do fármaco inativo do organismo.

A área do conhecimento que mescla a farmacocinética e a farmacotécnica é a biofarmacotécnica. Ela estuda os processos que se dão no organismo a partir da administração da forma farmacêutica, considerando as fases de liberação e dissolução do fármaco, as quais precedem sua absorção. Os objetivos de estudo dessa área são:

- a intensidade do efeito terapêutico e seus mecanismos de ação após a absorção da forma farmacêutica;
- a relação entre os componentes da formulação e a estabilidade da fórmula;
- a interação entre as substâncias da fórmula e a absorção do medicamento final;
- a necessidade de aprimorar as formas farmacêuticas de acordo com a demanda de administração e absorção dos fármacos.

A farmacotécnica está presente nas pequenas farmácias magistrais, que manipulam medicamentos a partir de prescrições médicas a fim de personalizar a terapia para cada indivíduo, e nas grandes indústrias farmacêuticas, que abastecem o mercado com medicamentos e cosméticos nas mais diversas apresentações e dosagens. Todavia, independentemente do local em que as substâncias serão processadas, é necessário implementar um rigoroso controle de qualidade para garantir a estabilidade, a segurança, a assepsia e a funcionalidade da formulação.

1.3 Formas farmacêuticas

Segundo a Farmacopeia Brasileira (Anvisa, 2019a), *forma farmacêutica* pode ser definida como o estado final de apresentação dos princípios ativos farmacêuticos após uma ou mais operações executadas com ou sem a adição de excipientes apropriados, a fim de facilitar sua utilização e obter o efeito terapêutico desejado, com características inerentes a cada via de administração. A obtenção de uma forma farmacêutica demanda estudo, produção e aplicação de um rigoroso controle de qualidade.

As formas farmacêuticas são constantemente aprimoradas ou transformadas. Algumas já foram extintas, outras precisaram ser modificadas para acompanhar as atuais necessidades da população e, ainda, há formas completamente inovadoras que foram desenvolvidas nos últimos anos.

A RDC n. 31, de agosto de 2010, apresenta algumas definições importantes em relação às diferentes formas farmacêuticas:

> XIV - Forma Farmacêutica: estado final de apresentação que os princípios ativos farmacêuticos possuem, após uma ou mais operações farmacêuticas executadas com a adição de excipientes apropriados ou sem a adição de excipientes, a fim de facilitar a sua utilização e obter o efeito terapêutico desejado, com características apropriadas a uma determinada via de administração;
>
> XV - Forma Farmacêutica de Liberação Imediata: forma farmacêutica em que a dose total da substância ativa é disponibilizada rapidamente após sua administração. Em ensaios in vitro apresenta, em geral, dissolução média de no mínimo 75% da substância ativa em até 45 minutos. Tal forma farmacêutica pode ainda apresentar tipos de dissoluções diferenciadas em rápida e muito rápida;
>
> XVI - Forma Farmacêutica de Liberação Prolongada: forma farmacêutica que apresenta liberação modificada em que a substância ativa é

disponibilizada gradualmente da forma farmacêutica por um período de tempo prolongado;

XVII - Forma Farmacêutica de Liberação Retardada: forma farmacêutica que apresenta liberação modificada em que a substância ativa é liberada em um tempo diferente daquele imediatamente após a sua administração. As preparações gastro-resistentes são consideradas forma de liberação retardada, pois são destinadas a resistir ao fluido gástrico e liberar a substância ativa no fluido intestinal. (Anvisa, 2010c)

Existem no mercado diversas formas farmacêuticas, cada uma delas com suas peculiaridades, vantagens e desvantagens. Para se escolher a forma mais adequada para cada caso, é preciso considerar a via de administração, além de conhecer o público-alvo e as limitações intrínsecas a cada via de administração. Por exemplo, medicamentos administrados por via intravenosa muitas vezes geram desconforto e nervosismo nos pacientes, mas o efeito de ação da droga é quase instantâneo, e seu uso é recomendado durante os atendimentos hospitalares e de emergência.

As vias de administração podem ser assim classificadas:

- **Enterais**: os medicamentos passam pelo sistema gastrointestinal e sofrem metabolismo de primeira passagem. Eles desempenham uma ação sistêmica, tendo um início de ação lento. São exemplos dessa categoria: comprimidos (sublinguais ou não, revestidos, de liberação prolongada, orodispersíveis), cápsulas, pastilhas, drágeas, pós para reconstituição, gotas, xaropes, soluções orais e suspensões.
- **Parenterais**: os medicamentos não passam pelo sistema gastrointestinal e raramente sofrem metabolismo de primeira passagem. No caso de administração intravenosa (IV), ao serem aplicados diretamente na corrente sanguínea, têm início imediato. Já na administração intramuscular (IM) e subcutânea, os efeitos são mais lentamente sentidos; sua velocidade de absorção dependerá da quantidade de tecido que esse fármaco precisa atravessar para chegar à corrente sanguínea. Exemplos: soluções e suspensões injetáveis.

- **Tópicos**: os medicamentos são administrados nas mucosas, tendo uma ação predominantemente local para tratar alguma patologia específica. Exemplos: soluções tópicas, pomadas, cremes, loções, géis, adesivos, aerossóis (aplicação nas mucosas pulmonar e nasal) supositórios e enemas (aplicação na mucosa retal).

A introdução do medicamento no organismo e os efeitos terapêuticos desejados estão intimamente relacionados com as formas farmacêuticas. Há, portanto, uma forma adequada para cada via de administração, o que garante que os fármacos terão a absorção correta e o efeito esperado. De maneira geral, as formas farmacêuticas podem ser sólidas, semissólidas e líquidas.

Formas farmacêuticas sólidas

Preparações farmacêuticas predominantemente de uso oral, bucal ou sublingual, as quais são bem aceitas pelo organismo. Fáceis de serem administradas e armazenadas, representam as formas farmacêuticas mais utilizadas, além de terem menor custo. São exemplos de formas farmacêuticas sólidas:

- **Cápsula**: composta de um invólucro hidrossolúvel de tamanho variável que pode conter pós de princípios ativos e excipientes. Suas vantagens são, entre outras, apresentar rápida liberação de partículas e camuflar o sabor e o odor das substâncias. Entre as desvantagens, estão: a facilidade de ser aberta, o que possibilita aos usuários retirar o pó de dentro da cápsula e misturá-lo com líquidos para facilitar a administração – isso pode desestabilizar as substâncias, alterando seu efeito; e a possibilidade de adesão no esôfago. As cápsulas podem ser subdivididas em:
    - Cápsula dura: tem duas seções cilíndricas pré-fabricadas (corpo e tampa) que se encaixam, cujas extremidades são arredondadas.
        - Cápsula dura de liberação prolongada;

- ◦ Cápsula dura de liberação retardada;
- Cápsula mole: constituída por um invólucro de gelatina que pode ter vários formatos – mais maleável que o das cápsulas duras. Normalmente, é preenchida com conteúdos líquidos ou semissólidos, mas também pode comportar pós e sólidos secos.
  - ◦ Cápsula mole de liberação prolongada;
  - ◦ Cápsula mole de liberação retardada.

- **Comprimido**: formado pela compressão dos ativos com ou sem excipientes em forma de pó. Pode se apresentar em diversos tamanhos e formatos, além de ter marcações na superfície e de ser ou não revestido. Suas vantagens são: adição de vinco e gravações; alto grau de precisão das doses; maior estabilidade, o que o torna ideal para a administração de drogas insolúveis em água; capacidade de disfarçar o sabor e o odor desagradável do medicamento; ser revestido e ter liberação controlada, além de ser resistente a choques, podendo ser transportado com facilidade. Suas desvantagens são: menor capacidade de absorção em relação aos líquidos; risco de causar irritação gástrica; e possibilidade de se complexar com alimentos.
  - Comprimido de revestimento entérico: depois de prontos, os comprimidos recebem uma camada protetora para garantir que as substâncias não sejam degradadas no pH ácido do estômago, tendo em vista que podem agredir a parede desse órgão, garantindo que o comprimido chegue intacto no intestino, onde terá seu início de ação;
  - Comprimido sublingual: ao ser colocado debaixo da língua, dissolve-se em contato com a saliva. Assim, as substâncias nele contidas são absorvidas pela mucosa oral. É utilizado em medicamentos que são destruídos em contato com o líquido ácido do estômago e que, com efeito, perdem imediatamente sua ação

terapêutica, também para aqueles fármacos de baixa absorção pelo intestino;
- Comprimido efervescente: é preparado com princípios ativos associados a substâncias ácidas e carbonatos ou bicarbonatos, os quais liberam dióxido de carbono (gás) em contato com a água e se desintegram, favorecendo a absorção das substâncias;
- Comprimido mastigável: como o próprio nome sugere, deve ser mastigado para se desintegrar. Depois, é engolido e absorvido no trato gastrointestinal;
- Comprimido de ação prolongada: tem um revestimento especial que controla a liberação da substância química. Quando ingerido por inteiro, dissolve-se lentamente, pois sua ação é prolongada. Em geral, é utilizado para controlar doenças crônicas por conta das quais os pacientes precisariam receber altas doses de medicamentos em várias administrações.

- **Granulado ou pó**: substância seca, liofilizada ou granulada, instável na presença de água. Granulados ou pós são utilizados na preparação de suspensões ou de soluções que se degradam depois de um curto período. Por isso, devem ser colocados em contato com a água apenas no momento da administração, sendo usados dentro de algumas horas ou dias. Entre as vantagens dessa forma farmacêutica, estão: seus efeitos são sentidos mais rapidamente, em virtude de sua maior absorção gastrointestinal, além da facilidade de administração por pacientes com dificuldade de deglutição. Como desvantagens, podemos citar o sabor e o odor pronunciados e os altos custos de fabricação.
- **Supositório e óvulo**: formas farmacêuticas sólidas de vários tamanhos e formatos, adaptadas para serem introduzidas no orifício retal, vaginal ou uretral do corpo humano. Contendo um ou mais

princípios ativos dissolvidos ou dispersos em uma base adequada, fundem-se, derretem ou se dissolvem na temperatura do corpo, liberando o princípio ativo no local da aplicação, sendo sua ação predominantemente local. Como vantagens, permitem a administração de substâncias em pacientes inconscientes ou com dificuldade de deglutição, e evitam o metabolismo de primeira passagem. São desvantagens o desconforto terapêutico e o preconceito dos usuários.

Formas farmacêuticas semissólidas

São preparações farmacêuticas predominantemente de uso tópico, de aplicação na pele ou em mucosas. Têm as funções de: proteger a pele ou as mucosas contra produtos químicos ou físicos irritantes no ambiente e permitir o rejuvenescimento do tecido; promover a hidratação da pele graças a um efeito emoliente; e fornecer um veículo para aplicar um medicamento de efeito local ou sistêmico. São exemplos de formas farmacêuticas semissólidas:

- **Pomada**: desenvolvida para aplicação na pele ou em membranas mucosas. Seu princípio ativo é incorporado a uma base oleosa que derrete em contato com a temperatura corporal. Tem grande potencial hidratante e protetor, pois gera uma oclusão no local aplicado.
- **Creme**: trata-se de uma emulsão, ou seja, uma fase aquosa e uma fase oleosa, as quais se estabilizam na presença de um emulsionante. Tem bastante aceitação e pode veicular substâncias lipofílicas e hidrofílicas ao mesmo tempo. É comumente usado para aplicação externa na pele ou nas membranas mucosas.
- **Gel**: não contém óleo, geralmente é formado por água e um agente gelificante. Pode incorporar princípios ativos hidrossolúveis e é utilizado para aplicação superficial, pois não tem poder de penetração cutânea.

Formas farmacêuticas líquidas

São preparações farmacêuticas que consistem em uma mistura de princípios ativos e outras substâncias com algum veículo líquido. São mais fáceis de administrar em pacientes que apresentam dificuldade para deglutir e sua absorção é mais rápida. No entanto, podem apresentar odor, sabor e cor desagradáveis, sendo necessário o uso de adjuvantes para corrigir esses fatores e facilitar a aderência ao tratamento. São exemplos:

- **Solução**: mistura homogênea de duas ou mais substâncias dissolvidas em água ou em um sistema água-cossolvente, resultando em um produto final de aspecto límpido. Geralmente, contém adjuvantes farmacotécnicos, para prover maior estabilidade (antioxidantes, conservantes) e/ou palatabilidade (edulcorantes, flavorizantes). Pode ser de uso oral, injetável, oftálmico, ótico ou nasal. É mais rapidamente absorvido do que as formas sólidas, é ideal para crianças e idosos, em razão de sua fácil deglutição, além de ser administrada em doses homogêneas (não há separação de fases) e flexíveis (permite ajustes de maneira mais segura). No entanto, tem menor estabilidade físico-química e microbiológica (a fórmula rica em água contribui para a propagação de contaminantes) em comparação com as formas sólidas; seu armazenamento e seu transporte (os frascos são grandes e frágeis) são mais difíceis; e tem sabor desagradável.
  - Solução oral: forma líquida de administração oral ou bucal, necessita de componentes que alterem a aparência e o sabor do líquido para tornar o medicamento mais agradável e fácil de ser ingerido por pacientes mais exigentes e sensíveis. Pode ser administrada em gotas ou com um volume definido – por exemplo, 5 ml. Pode apresentar coloração, mas deve ser transparente;
  - Solução estéril (injetável, colírio e solução otológica): preparação líquida a ser administrada em mucosas supervascularizadas ou

diretamente na corrente sanguínea. Por esse motivo, não deve apresentar nenhum tipo de substância estranha ou microrganismos.

- **Suspensão**: contém um ou mais princípios ativos sólidos sob a forma de finas partículas dispersas em um veículo líquido no qual elas não são solúveis. Além das suspensões líquidas prontas, existem granulados ou pós apresentados em sachês, os quais possibilitam a reconstituição e a obtenção do produto. Tem melhor estabilidade; camufla o sabor e o odor desagradáveis; é de fácil deglutição por crianças e idosos; permite a administração de altas doses do fármaco, além de ajustes de dosagem; pode ser de aplicação intramuscular (para liberação lenta e ação prolongada). Contudo, tem sistema instável, isto é, as partículas sofrem sedimentação, exigindo agitação para sua uniformização antes do uso. Tipos de suspensão: oral (enteral), injetável (parenteral), tópica e oftálmica.
- **Xarope**: forma farmacêutica líquida de alta viscosidade e que, além dos princípios ativos, apresenta em sua composição altas concentrações de açúcares como a sacarose, principalmente usadas em substâncias de sabor muito desagradável e em pacientes que têm dificuldade de ingerir comprimidos (crianças e idosos, por exemplo). Por conter uma alta dosagem de açúcar, essa forma farmacêutica é contraindicada para pacientes diabéticos.

Formas farmacêuticas especiais

Correspondem a farmacêuticas que não se enquadram em nenhuma das categorias mencionadas ou, ainda, que se encaixam em mais de uma, sendo, portanto, de difícil categorização. Exemplos:

- **Aerossol**: suspensão de partículas finamente divididas e dispersas em um sistema de gases. Essa mistura é acondicionada em uma embalagem especial que, quando acionada, libera partículas líquidas ou sólidas tão pequenas que flutuam temporariamente no ar.

- **Spray**: solução ou suspensão acondicionada em uma embalagem especial que, quando acionada, gera uma névoa de partículas maiores que os aerossóis.
- **Ampola**: recipiente fechado hermeticamente, destinado ao armazenamento de líquidos estéreis para uso por via parenteral, cujo conteúdo é utilizado em dose única.
- **Adesivo transdérmico**: sistema desenvolvido para produzir um efeito sistêmico pela difusão do(s) princípio(s) ativo(s) em uma velocidade constante por um período prolongado.
- **Filme**: forma farmacêutica sólida que consiste em uma película fina e alongada, contém uma única dose de um ou mais princípios ativos, com ou sem excipientes.
- **Implante**: forma farmacêutica sólida estéril que apresenta um ou mais princípios ativos e de tamanho e formato adequados para ser inserido em um tecido do corpo, a fim de liberar o(s) princípio(s) ativo(s) por um período prolongado. É administrado por meio de um injetor especial adequado ou por incisão cirúrgica

1.4 Novas formas farmacêuticas

O surgimento de novas formas farmacêuticas ao longo dos anos está diretamente vinculado ao contexto. Isso porque as sociedades são dinâmicas e, de tempos em tempos, têm suas características alteradas, aprimoradas etc. Assim, em diferentes épocas, vários eventos transformaram e moldaram os modos de vida dos grupos humanos.

Com o passar dos anos, algumas doenças foram extintas, houve um aumento da expectativa de vida e uma mudança no perfil epidemiológico, com o avanço de doenças crônicas e a diminuição das

transmissíveis. Tais fatores influenciaram os tratamentos e, consequentemente, levaram à necessidade de adaptar as formas farmacêuticas.

O desenvolvimento de novas formas farmacêuticas demanda um alto investimento científico, econômico, tecnológico e de recursos humanos. Isso é possível graças aos avanços tecnológicos observados na indústria farmacêutica, os quais proporcionaram a descoberta e o aprimoramento de materiais. Essas novas, e diversificadas, formas farmacêuticas promoveram melhorias terapêuticas diversas em relação a doenças que envolvem um tratamento continuado, contribuindo para aumentar a esperança de cura dos pacientes.

Alguns exemplos de novas formas farmacêuticas que vêm sendo elaboradas e aperfeiçoadas nos últimos anos são: sistemas de nanopartículas; micro e nanoemulsões; lipossomas; minicomprimidos; sistemas osmóticos e matriciais; e formas farmacêuticas de libertação modificada (por inclusão do fármaco em ciclodextrinas).

Sistemas de nanopartículas

As nanopartículas poliméricas possibilitam a veiculação de fármacos hidrófilos ou hidrófobos, promovem a libertação modificada e protegem contra a degradação enzimática das substâncias ativas, resultando em uma maior eficácia terapêutica.

O tamanho dessas partículas pode variar entre 1 e 1.000 nanômetros. Elas são constituídas por polímeros ou copolímeros de origem natural ou sintética, e sua composição ou organização estrutural as categoriza em dois grupos:

- **nanoesferas**: formadas por uma matriz polimérica, sem a presença de um núcleo oleoso no qual o fármaco pode ficar retido ou adsorvido;

- **nanocápsulas**: apresentam um invólucro polimérico que envolve um núcleo oleoso, e o fármaco pode estar dissolvido nesse núcleo ou adsorvido à parede polimérica (Araújo, 2019).

Observe a Figura 1.1, a seguir, que ilustra as diferenças entre as nanoesferas e as nanocápsulas.

Figura 1.1 – Características estruturais e diferenciais das nanocápsulas e nanoesferas

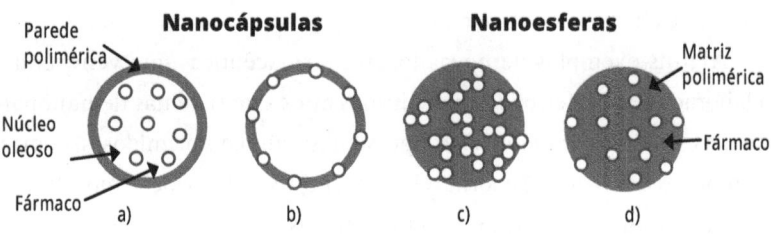

Fonte: Schaffazick et al., 2003, p. 726.

Entre as vantagens oferecidas pelo uso de fármacos em nanopartículas, estão a certeza de uma distribuição mais seletiva e, consequentemente, mais segura e eficaz, bem como a garantia de que os fármacos que sofrem degradação no trato gastrointestinal tenham sua biodisponibilidade aumentada quando incorporados a tais sistemas.

As nanopartículas têm apresentado vantagens terapêuticas promissoras na vetorização de antibióticos, antineoplásicos e anti-inflamatórios não esteroidais.

Micro e nanoemulsões

As micro e nanoemulsões são formas farmacêuticas compostas de dispersões coloidais. Embora sejam similares em relação à sua composição

e estrutura microscópica, apresentam particularidades importantes que resultam em diferentes comportamentos físico-químicos.

As micro emulsões são sistemas líquidos e termodinamicamente estáveis formadas por uma fase aquosa e uma fase oleosa, além de um ou mais tensoativos que garantem a mistura dessas fases. Como são termodinamicamente estáveis, a formação de microemulsões pode ocorrer espontaneamente.

Por sua vez, diferentemente do que se imagina, as partículas dispersas das nanoemulsões não têm tamanho reduzido. Tais emulsões não são termodinamicamente estáveis e, portanto, podem sofrer separação de fases ao longo do tempo. Então, ao contrário das microemulsões, que se formam espontaneamente, as nanoemulsões geralmente necessitam de métodos que envolvem o emprego de altos níveis de energia, o que pode ocorrer por meio de dispositivos conhecidos como *homogeneizadores*, capazes de gerar intensas forças disruptivas que promovem a emulsificação entre as fases de óleo e água, dando origem a minúsculas gotículas (Apolinário et al., 2020).

As principais vantagens das microemulsões são o alto poder solubilizante, que possibilita a veiculação de elevadas concentrações de fármacos lipo ou hidrofílicos, e a grande capacidade de absorção e difusão das substâncias nos tecidos aplicados. Ademais, em decorrência de sua estabilidade termodinâmica, a identificação de instabilidades físicas se torna uma tarefa desafiadora para as micro e nanoemulsões. Essa característica confere uma notável durabilidade a tais formulações, contribuindo para a consistência e confiabilidade do produto ao longo do período de administração.

Lipossomas

O sistema de distribuição caracterizado como lipossoma se trata de uma tecnologia de microencapsulação que consiste em envolver materiais sólidos, líquidos ou gasosos em pequenas cápsulas. Como as paredes destas são similares às membranas celulares, tais compostos são carreadores altamente biocompatíveis.

Essa técnica faculta encapsular substâncias hidrofílicas, hidrofóbicas ou ambas simultaneamente, oferecendo uma alta flexibilidade de composição e tamanhos. Os compostos de natureza hidrofílica são inseridos na fase aquosa para serem encapsulados por ligação com a porção hidrofílica dos fosfolipídios. Já os compostos bioativos hidrofóbicos, por sua natureza, podem ser aprisionados na bicamada fosfolipídica.

Na estrutura do lipossoma, é possível incluir moléculas que desencadeiam novas propriedades. Um exemplo diz respeito às moléculas de reconhecimento ligadas à superfície, que dirigem a captação de fármaco para alvos específicos, como células tumorais ou microrganismos e, com efeito, podem aumentar a seletividade da distribuição dos fármacos. Outro exemplo é a adição de tensoativos ou de etanol, o que proporciona maior flexibilidade e penetração cutânea (Figura 1.2).

Figura 1.2 – Estrutura do lipossoma com as substâncias modificadoras e os fármacos

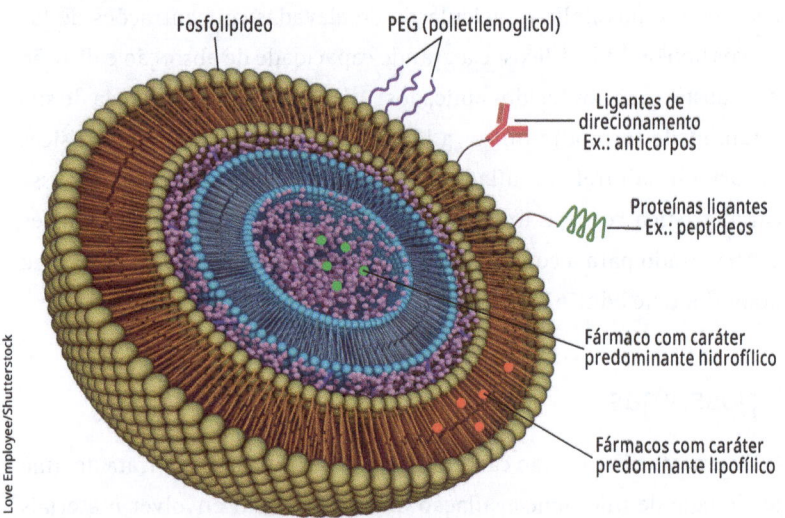

Fonte: Apolinário et al., 2020, p. 15.

Minicomprimidos

Os minicomprimidos são formas farmacêuticas desenvolvidas para facilitar a administração de substâncias em crianças e idosos. São obtidas pela compressão do pó ou de grânulos em unidades com diâmetro inferior a 3 milímetros. Portanto, têm tamanho reduzido em comparação com os comprimidos convencionais. E graças à possibilidade de serem revestidos, representam ótimas alternativas para a administração de substâncias ativas de sabor desagradável.

Na Figura 1.3, a seguir, observe a diferença de tamanho entre os comprimidos convencionais e os minicomprimidos.

Figura 1.3 – Comparação do tamanho de comprimidos normais e de minicomprimidos

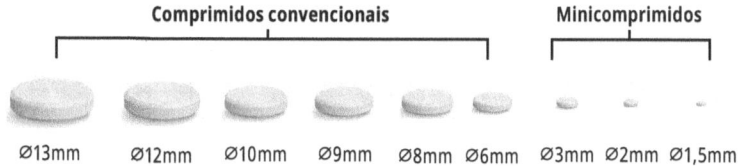

Fonte: Elaborada com base em Zerbini; Ferraz, 2011.

Sistemas osmóticos e matriciais

As bombas osmóticas são formas farmacêuticas constituídas por um núcleo medicamentoso (comprimido, cápsula gelatinosa, cápsula dura ou mole) revestido por uma membrana semipermeável que apresenta um orifício feito a *laser*. Elas utilizam a pressão osmótica para controlar a liberação do fármaco. Dessa maneira, após a administração e a entrada do sistema no organismo, os fluidos locais penetram no núcleo da fórmula e elevam a pressão interna, acarretando a liberação do fármaco dissolvido ou disperso na membrana através desse orifício, como demonstrado na Figura 1.4.

Figura 1.4 – Demonstração da liberação de um fármaco em um sistema osmótico

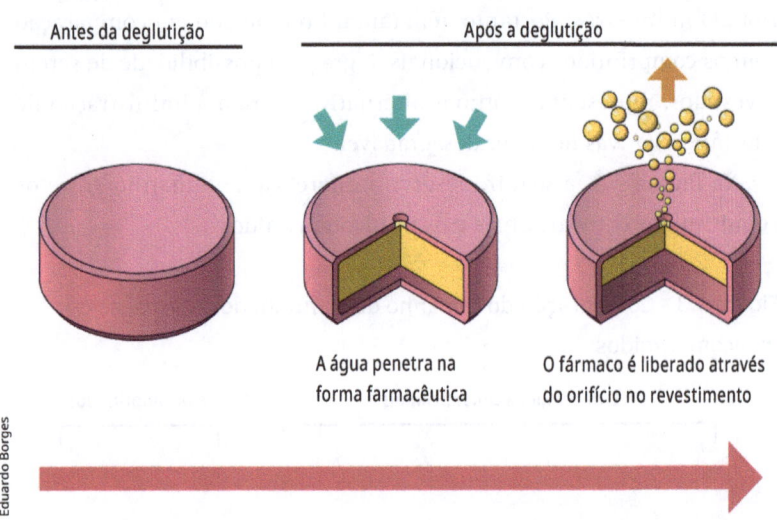

Fonte: Pezzini; Silva; Ferraz, 2007, p. 495.

Já nos sistemas matriciais, os princípios ativos e adjuvantes estão inseridos em uma matriz, geralmente composta de polímeros de natureza hidrofílica ou inerte capazes de controlar sua liberação. As matrizes podem ser elaboradas na forma de comprimidos, cápsulas gelatinosas, grânulos ou minicomprimidos.

Nas matrizes inertes ou hidrofóbicas, o fármaco é liberado por difusão (Figura 1.5). Por seu turno, nas matrizes hidrofílicas, a liberação das substâncias ocorre quando a forma farmacêutica entra em contato com os fluidos gastrointestinais. Nesse caso, o polímero na sua superfície é hidratado e intumesce, dando origem a uma camada gelatinosa que posteriormente é dissolvida, promovendo a erosão do comprimido e a liberação das substâncias (Figura 1.6).

Figura 1.5 – Sistema matricial de liberação com matriz inerte – o fármaco é liberado por difusão

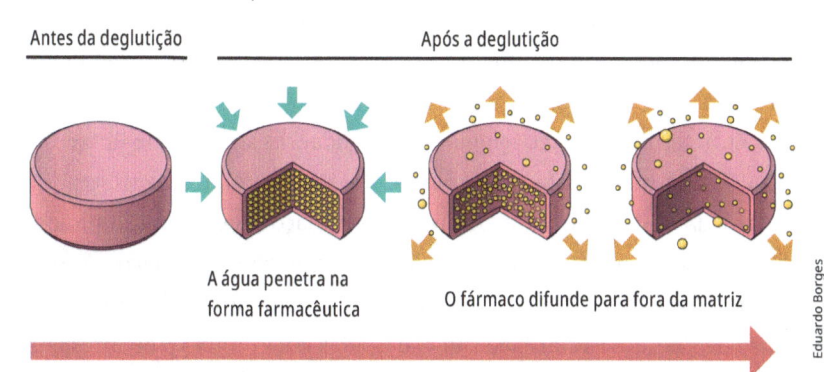

Antes da deglutição | Após a deglutição

A água penetra na forma farmacêutica

O fármaco difunde para fora da matriz

Fonte: Pezzini; Silva; Ferraz, 2007, p. 493.

Figura 1.6 – Sistema matricial de liberação com matriz hidrofílica – o fármaco é liberado após a hidratação, o entumecimento e a erosão da matriz

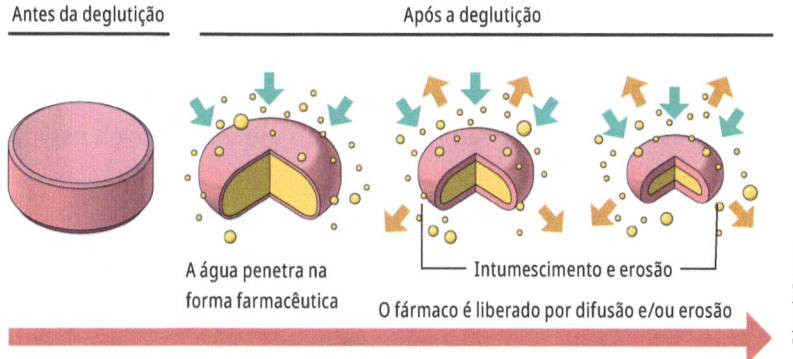

Antes da deglutição | Após a deglutição

A água penetra na forma farmacêutica

Intumescimento e erosão

O fármaco é liberado por difusão e/ou erosão

Fonte: Pezzini; Silva; Ferraz, 2007, p. 494.

Formas farmacêuticas de libertação modificada

As formas farmacêuticas de liberação modificada oferecem estratégias inovadoras para otimizar a eficácia e segurança dos medicamentos. Elas são projetadas para controlar a taxa e a extensão da liberação do princípio ativo no organismo, proporcionando benefícios como a redução de efeitos colaterais, o aumento da adesão ao tratamento e a melhoria na forma farmacêutica.

Entre as diversas tecnologias empregadas, os sistemas de liberação modificada incluem formulações de liberação prolongada, liberação retardada e liberação controlada. As formulações de liberação prolongada visam manter as concentrações terapêuticas do fármaco por um período estendido, minimizando a necessidade de doses frequentes. Já as de liberação retardada são elaboradas com o intuito de atrasar a liberação do princípio ativo, muitas vezes para evitar a irritação gástrica ou garantir a absorção em regiões específicas do trato gastrointestinal. Por sua vez, a liberação controlada viabiliza uma administração mais precisa e ajustada às necessidades do paciente, o que é frequentemente alcançado mediante a incorporação de polímeros bioabsorvíveis ou sistemas de matriz, os quais influenciam diretamente a cinética de liberação do fármaco.

A seleção adequada dessas tecnologias depende das características do princípio ativo, das necessidades terapêuticas específicas e das especificidades do paciente. Aspectos como solubilidade, biodisponibilidade e perfil farmacocinético são fundamentais para o desenvolvimento bem-sucedido das formas farmacêuticas de liberação modificada.

Além disso, o monitoramento rigoroso da estabilidade e do desempenho *in vivo* dessas formulações é essencial para atestar a consistência do efeito terapêutico ao longo do tempo. Portanto, a criação de formas farmacêuticas de liberação modificada exige uma abordagem integrada, que envolve conhecimentos relativos à ciência dos materiais, à farmacotécnica e à farmacocinética, visando contribuir significativamente para o avanço da terapia farmacológica e aprimorar a qualidade de vida dos pacientes.

1.5 Características e componentes das formas farmacêuticas

Como mencionado anteriormente, as formas farmacêuticas podem ser líquidas, semissólidas, sólidas e aerossóis. Para preparar essas formas, diferentes componentes são utilizados, a fim de lhes garantir as características físico-químicas e de administração adequadas.

Antes de caracterizarmos os principais componentes das formas farmacêuticas estudadas, é importante expor alguns conceitos conforme constam na Farmacopeia Brasileira (Anvisa, 2019a):

- **Insumo farmacêutico ativo**: substância química ativa, fármaco, droga ou matéria-prima que apresenta propriedades farmacológicas. De finalidade medicamentosa, o insumo farmacêutico ativo é utilizado para diagnóstico, alívio ou tratamento, além de ser empregado para modificar ou explorar sistemas fisiológicos ou estados patológicos em benefício da pessoa na qual é administrado.
- **Excipiente**: substância inerte adicionada às formulações farmacêuticas (excluindo-se os fármacos), cuja função é atestar a estabilidade e as propriedades dos medicamentos, além de melhorar as características organolépticas e, com efeito, o grau de aceitação do medicamento pelos pacientes.

Para favorecer a compreensão dos componentes presentes nas principais formas farmacêuticas comercializadas, optamos por agrupá-las de acordo com suas características e funções.

Formas farmacêuticas líquidas

Medicamentos na forma líquida são altamente aceitos pelos pacientes, principalmente as crianças e os idosos, embora também possam ser utilizados por outros públicos. Uma das principais vantagens dessa forma diz respeito ao fato de ser mais facilmente absorvida, além de sua atuação mais rápida, pois o fármaco já se encontra em estado semiprocessado.

Entre as formulações líquidas, destacamos as seguintes, com base nas informações que constam na Farmacopeia Brasileira (Anvisa, 2019a):

- **Soluções**: uma ou mais substâncias são dissolvidas em um solvente ou em uma mistura de solventes.
- **Xaropes**: preparações aquosas com altas concentrações de açúcar ou de algum adoçante, além de aditivos para melhorar o sabor.
- **Elixires**: misturas que contêm de 20 a 50% de álcool, e aditivos para melhorar o sabor e a aparência. Podem ser misturados com xaropes. Em geral, são preparações menos doces e viscosas.
- **Suspensões**: preparações líquidas que contêm seu princípio ativo em partículas finamente divididas e em um veículo, no qual o fármaco apresenta uma mínima solubilidade.
- **Emulsões**: dispersões não miscíveis entre si de duas fases de uma mistura, as quais, com o auxílio de um agente tensoativo, são capazes de formar um sistema homogêneo. Existem quatro tipos de emulsão, e cada uma apresenta características próprias: óleo/água; água/óleo; emulsões múltiplas; microemulsões.

As preparações líquidas apresentam algumas características em comum: todas são formadas por um esquema de solventes, sendo a água o mais frequente, mas outros, como o propilenoglicol, o álcool e a glicerina, também são bastante utilizados.

> **Importante!**
>
> Os principais solventes utilizados nas preparações líquidas são:
> - água: considerada o solvente universal, por solubilizar a maioria das substâncias; deve ser usada somente após os processos de purificação;
> - propilenoglicol: líquido viscoso solúvel em água e álcool;
> - álcool: empregado como o principal solvente em muitos compostos orgânicos, forma, com a água, compostos hidroalcóolicos que dissolvem substâncias solúveis nos dois meios – característica vital na extração de substâncias ativas de drogas naturais;
> - glicerina: líquido viscoso, transparente e doce, é miscível em água e no álcool e pode ajudar na estabilidade e conservação.

Então, os princípios ativos e excipientes, chamados de *solutos*, são misturados aos solventes em quantidades apropriadas para cada forma farmacêutica, sempre levando em consideração as características químicas de cada substância para obter produtos homogêneos e seguros.

A maioria das formas farmacêuticas líquidas utilizadas para administração oral contém flavorizantes e corantes, adicionados com o intuito de tornar os medicamentos mais atraentes e agradáveis ao paladar. Além disso, quando necessário, elas podem apresentar estabilizantes, para manter a estabilidade química e física do fármaco, principalmente em suspensões e emulsões.

Para garantir a estabilidade da fórmula após sua comercialização, também podem ser usados conservantes, os quais podem ser antioxidantes ou antimicrobianos, e agentes molhantes e suspensores, uma vez que o agente suspensor aumenta a viscosidade da fase externa da suspensão, retardando a floculação e reduzindo a velocidade de sedimentação.

Formas farmacêuticas semissólidas

A maioria das formas semissólidas é de uso tópico e pode ser administrada na pele e em mucosas, como o reto, a vagina, os olhos e a mucosa nasal. A ação dessas formas é predominantemente local, mas, a depender do produto e das substâncias utilizadas, sua ação pode ser sistêmica.

As formas semissólidas apresentam vantagens em comparação com outras formas farmacêuticas, a exemplo da possibilidade de veicular fármacos ou ativos hidrofílicos e lipofílicos na mesma formulação e com um controle sensorial adaptado às necessidades da via de administração. Uma característica comum a todas elas se refere à capacidade de adesão à superfície, a qual é aplicada por determinado período antes de ser removida por lavagem ou ação mecânica. Essa adesão se deve ao fato de que os semissólidos mantêm sua forma e aderem à superfície como um filme, até receberem a aplicação de uma força externa.

As diferentes formas farmacêuticas semissólidas têm estas funções: proteger a pele ou as mucosas contra produtos químicos ou físicos irritantes no ambiente e permitir o rejuvenescimento do tecido; promover a hidratação da pele, em razão de seu efeito emoliente; ser veículos para a aplicação de medicamentos de efeito local ou sistêmico.

Segundo a Farmacopeia Brasileira (Anvisa, 2019a), as formas farmacêuticas semissólidas são estas:

- **Pomada**: indicada para aplicação na pele ou em membranas mucosas. Consiste na solução ou dispersão de um ou mais princípios ativos, em baixas proporções, em uma base adequada e usualmente não aquosa (base farmacêutica muito hidrofóbica e oclusiva).
- **Pasta**: pomada que apresenta grande quantidade de sólidos em dispersão.
- **Creme (emulsão)**: tem duas fases líquidas imiscíveis – em geral, água e óleo. Além destas, uma terceira fase é constituída pelo agente emulsivo, o que contribui para a estabilidade da fórmula, uma vez que

ele se interpõe entre as fases, retardando sua separação. Os cremes podem ser indicados para uso interno ou externo.

- **Gel**: tem duas fases: uma fase dispersora líquida (água, álcool, propilenoglicol, acetona ou outro veículo) e outra fase dispersa sólida (denominada *agentes gelificantes*). Esses agentes são pós – os quais podem ser polímeros derivados da celulose, do ácido acrílico ou, até mesmo, ter origem natural – que se hidratam com a água da formulação, dando corpo ao produto. Por se tratar de uma preparação com grandes quantidades de água, o gel pode conter outros adjuvantes técnicos, para garantir a estabilidade.

A principal característica das formas semissólidas é a consistência agradável e suave ao toque. O preparo da maioria das formulações, com exceção das pomadas, demanda uma grande quantidade de água. Por essa razão, itens de extrema importância nesse processo são os **estabilizantes**, os quais podem ser:

- **Conservantes antifúngicos**: previnem o crescimento de fungos em formulações líquidas e semissólidas.
- **Conservantes antimicrobianos**: previnem o crescimento de bactérias em formulações líquidas e semissólidas.
- **Antioxidantes**: inibem a oxidação da fórmula e a liberação de radicais livres.
- **Agentes quelantes**: substâncias que formam complexos estáveis e hidrossolúveis (quelatos) com metais.
- **Umectantes**: evitam o ressecamento das preparações.

Além dos estabilizantes, do veículo e do princípio ativo, as emulsões e os géis apresentam, em suas fórmulas, agentes emulsionantes ou gelificantes.

- **Emulsionantes (tensoativos)**: agentes que diminuem a tensão superficial e garantem a mistura entre dois líquidos antes imiscíveis entre si. Atuam como uma barreira contra a separação das gotículas, ou seja, são agentes estabilizantes para a emulsão. Os tensoativos têm ação anfifílica, já que apresentam afinidade com substâncias polares e apolares ao mesmo tempo. Isso porque, na mesma estrutura molecular, há dois grupos: uma cabeça polar hidrofílica, de afinidade com a água; e uma cauda apolar hidrofóbica, sem afinidade com a água – neste caso, lipofílica, isto é, com afinidade com óleos e gorduras.

Um bom agente emulsionante precisa ser estável à degradação química e razoavelmente inerte, não deve interagir quimicamente com os outros ingredientes da formulação, não pode ser tóxico nem irritante para a pele ou para as mucosas e, a depender de sua utilização, tem que ser relativamente inodoro, insípido e incolor, além de ter um preço razoável. Outro atributo esperado dos emulsionantes é assegurar a estabilidade da emulsão dentro do prazo de validade, evitando a separação das fases.

Ainda, os emulsionantes podem ser sintéticos ou semissintéticos e são classificados segundo o grau de ionização em solução aquosa da parte polar da estrutura em:

- **Aniônicos**: formam íons carregados negativamente e são econômicos, mas seu uso é limitado a preparações externas, em razão da toxicidade;
- **Catiônicos**: representam o grupo mais importante; formam íons carregados positivamente e têm baixa toxicidade, razão pela qual podem ser usados em preparações tópicas, orais e até parenterais. Além disso, apresentam menos problemas de compatibilidade, sendo menos sensíveis a mudanças de pH e à adição de eletrólitos. Trata-se de um grupo muito numeroso, incluindo compostos tanto hidrossolúveis quanto lipossolúveis, o que possibilita obter emulsões de todos os tipos;
- **Anfóteros ou não iônicos**: grupamentos carregados positiva e negativamente, conforme o pH do sistema, que conferem melhor flexibilidade de uso na preparação de cremes, por serem

compatíveis com a maioria dos princípios ativos. São os mais inócuos dos sistemas.

- **Gelificantes (espessantes)**: os agentes espessantes são substâncias que conferem viscosidade à formulação. De modo simplificado, esses compostos são utilizados para encorpar/engrossar formulações basicamente líquidas e estabilizar a forma final sem promover alterações significativas. Eles conferem consistência em forma de gel. Os principais agentes gelificantes empregados são os derivados da celulose (exemplo: natrosol) e os polímeros sintéticos (exemplo: carbopol).

  Os gelificantes iônicos correspondem a polímeros derivados do ácido acrílico e que têm pH dependente. Em sua estrutura, constam cargas (–) que, quando neutralizadas com substâncias corretoras de pH, acarretam uma mudança de forma. Assim, a estrutura passa a ser estendida e, com efeito, adquire a capacidade de espessar a solução onde está inserida e, ainda, confere-lhe transparência. A viscosidade e a transparência adequadas podem ser obtidas por meio da neutralização no pH 7; porém, o gel começa a engrossar e a se tornar transparente a partir do pH 5, estendendo-se até o pH 11. Exemplos de substâncias neutralizadoras são a trietanolamina e o hidróxido de sódio.

  Por sua vez, os gelificantes não iônicos mais utilizados na indústria são os derivados da celulose, sendo a hidroxietilcelulose (natrosol) a mais comum, por tolerar o pH ácido. O natrosol é indicado para a incorporação de ativos que levam à diminuição do pH final da formulação, a exemplo dos ácidos glicólico e ascórbico. A habilidade de espessamento dos polímeros que não têm grupamentos ácidos para serem neutralizados (não iônicos) se justifica pela capacidade de se expandirem ao absorverem a água.

A maioria das formas farmacêuticas semissólidas é utilizada na preparação de cosméticos ou de produtos para uso externo. Dessa maneira, além da estabilidade dessas formulações, é importante garantir-lhes um aspecto agradável. Por isso, na maioria das formulações, são adicionados fragrâncias e corantes, os quais, entretanto, devem ser aplicados com cautela, uma vez que, por serem altamente alergênicos, podem degradar alguns princípios ativos.

Formas farmacêuticas sólidas

As formas farmacêuticas sólidas são as mais usadas pela população em geral. De fácil armazenamento e transporte, são basicamente administradas por via oral, ou seja, a liberação e a dissolução das substâncias ocorrem no trato gastrointestinal.

Tais formas farmacêuticas podem ser classificadas segundo o tipo de liberação do fármaco em:

- **Produtos de liberação convencional**: desenvolvidos para liberar o fármaco rapidamente após a administração.
- **Produtos de liberação modificada**: elaborados para controlar a liberação do fármaco retardando ou prolongando sua dissolução.

Esses processos podem ter os objetivos de tornar a forma farmacêutica gastrorresistente, prolongar seu efeito, liberar o fármaco em um local específico ou após um tempo predeterminado.

As formas farmacêuticas sólidas modificadas requerem administrações menos frequentes, pois reduzem as oscilações de concentração do fármaco na corrente sanguínea, evitando níveis subterapêuticos ou tóxicos e, consequentemente, o aumento da adesão do paciente ao tratamento.

Estas são as categorias das formas farmacêuticas sólidas:

- **Pó**: forma seca constituída por um ou mais componentes que passaram por processos de pulverização e que apresentam a mesma tenuidade.

- **Grânulos**: partículas de pó misturadas com substâncias aglutinantes a fim de formar partículas maiores.
- **Comprimido**: contém princípios ativos, pode assumir vários tamanhos e formas, bem como apresentar graus de dureza e espessura distintos, além de diferentes características de desintegração etc. É obtido pela compressão de pós ou granulados, em que uma elevada pressão é aplicada ao sistema até que este se rearranje e deforme, dando origem a uma massa compacta, ou seja, um corpo rígido de forma bem-definida. A grande maioria dos comprimidos é administrada por via oral, sofrendo desagregação na boca, no estômago ou no intestino.
- **Cápsula**: tem um invólucro duro ou mole, de diversos formatos e tamanhos. Normalmente, contém uma dose unitária de ingrediente ativo. Em geral, os invólucros são formados de gelatina.

Em todas as formas farmacêuticas sólidas, são empregados diluentes, desintegrantes, lubrificantes, absorventes, aglutinantes, molhantes, tampões e edulcorantes.

- **Diluentes**: produtos inertes adicionados às preparações farmacêuticas a fim de ajustar o volume. Assim, obtêm-se comprimidos de tamanhos adequados e cápsulas corretamente preenchidas. Os diluentes podem ser solúveis (lactose, sacarose, cloreto de sódio, manitol), insolúveis (amido, celulose) ou mistos.
- **Absorventes**: são incorporados às formas com o intuito de absorver a água da umidade atmosférica ou residual dos pós, para evitar a alteração da forma farmacêutica (exemplos: amido e lactose).
- **Aglutinantes**: substâncias que aumentam o contato entre as partículas, graças à sua alta capacidade de agregação e compactação. São exemplos: lactose, glucose, manitol, sacarose; goma arábica, goma de amido.
- **Desagregantes**: aceleram a dissolução dos pós em ambiente aquoso e podem atuar por três processos: (i) dissolvem-se na água após a

abertura de pequenos canais (lactose, glicose e cloreto de sódio); (ii) reagem com a água ou com o ácido estomacal, liberando gases como oxigênio ou gás carbônico (carbonato, bicarbonato, misturas efervescentes); (iii) reagem à água e inflam (amido).
- **Lubrificantes**: facilitam o deslizamento das formas farmacêuticas, impedindo que elas "grudem" nas máquinas durante o processo de fabricação ou nos tecidos no momento da administração (exemplos: talco, estearato de magnésio e amido).
- **Molhantes**: como a maioria dos lubrificantes apresenta propriedades hidrofóbicas, é necessário utilizar substâncias molhantes para não comprometer a desagregação das formas farmacêuticas.
- **Tampões e edulcorantes**: os tampões garantem que a substância resista às variações de pH; já os edulcorantes são usados para melhorar a aparência (corantes) ou o sabor (açúcares e essências).

1.6 Controle de qualidade aplicado à farmacotécnica

Na indústria farmacêutica, a produção de medicamentos corresponde a um conjunto de processos que respeitam uma sequência bem-delimitada e que são levados a cabo de acordo com condições específicas e regulamentadas, promovendo uma cadeia de eventos adequada. Portanto, para garantir a fabricação de medicamentos e cosméticos estáveis, seguros e eficazes, cada etapa desse processo deve passar pelo controle de qualidade.

Antigamente, esse controle era realizado somente no final do processo de produção. Desse modo, os medicamentos eram analisados já em sua forma final, e se estivessem fora dos padrões estabelecidos, todo o trabalho e os insumos utilizados eram perdidos.

No decorrer dos anos, em razão da promulgação de novas legislações, o processo de controle de qualidade passou a ser aplicado a todos os processos referentes à produção e à distribuição, englobando a análise dos insumos e materiais de embalagem a serem empregados, bem como dos produtos intermediários da produção.

Essa alteração contribuiu para a determinação das condições mais adequadas de transporte e armazenamento, a fim de atestar a segurança, a eficácia e a qualidade dos medicamentos. Além disso, o novo panorama também possibilitou a geração de dados para auxiliar nas tomadas de decisão e, com efeito, baratear os custos, já que não houve mais a necessidade de aguardar a finalização dos produtos para avaliar se estariam aptos ou não para serem comercializados.

No Brasil, o órgão ao qual compete fiscalizar e regulamentar a produção de medicamentos é a Agência Nacional de Vigilância Sanitária, que objetiva controlar a qualidade da produção de medicamentos e do produto. Para tanto, há uma vasta legislação vinculada ao setor, abrangendo leis, decretos, portarias, resoluções e guias específicos, a exemplo da Farmacopeia Brasileira.

Logo, qualquer profissional que pretende atuar na área ou que se interessa pelo assunto deve conhecer os principais textos legais referentes ao processo de produção de medicamentos. Advertimos que a legislação é dinâmica e, com efeito, está constantemente sendo aprimorada.

Acompanhe, na sequência, as legislações da área que atualmente estão em vigência:

- Lei n. 5.991/1973 – "Dispõe sobre o Controle Sanitário do Comércio de Drogas, Medicamentos, Insumos Farmacêuticos e Correlatos" (CRF-GO, 2024).
- Lei n. 6.360/1976 – "Dispõe sobre a Vigilância Sanitária a que ficam sujeitos os Medicamentos, as Drogas, os Insumos Farmacêuticos e Correlatos, Cosméticos, Saneantes e Outros Produtos, e dá outras Providências" (CRF-GO, 2024).

- Lei n. 8.080/1990 – "Dispõe sobre as condições para a promoção, proteção e recuperação da saúde, a organização e o funcionamento dos serviços correspondentes, e dá outras providências" (CRF-GO, 2024).
- Lei n. 9.695/1998 – Dispõe sobre "falsificação, corrupção, adulteração ou adulteração de produto destinado a fins terapêuticos ou medicinais" (Brasil, 1998a).
- Lei n. 9.782/1999 – "Define o Sistema Nacional de Vigilância Sanitária, cria a Agência Nacional de Vigilância Sanitária e dá outras providências" (CRF-GO, 2024).
- Lei n. 9.787/1999 – "Altera a Lei 6360, de 23 de setembro de 1976, que dispõe sobre a Vigilância Sanitária, estabelece o medicamento genérico [...]" (CRF-GO, 2024).
- RDC n. 269/2005 – "Regulamento técnico sobre a ingestão diária recomendada (IDR) de proteína, vitaminas e minerais" (Anvisa, 2005).
- RDC n. 67/2007 – "Dispõe sobre Boas Práticas de Manipulação de Preparações Magistrais e Oficiais para Uso Humano em Farmácias" (CRF-GO, 2024).
- RDC n. 71/2009 – "Estabelece regras para a rotulagem de medicamentos" (Anvisa, 2009).
- RDC n. 14/2010 – "Dispõe sobre o registro de medicamentos fitoterápicos" (Anvisa, 2010a).
- RDC n. 10/2011 – "Dispõe sobre a garantia da qualidade de medicamentos importados e dá outras providências" (Anvisa, 2011a).
- RDC n. 44/2009 – "Dispõe sobre Boas Práticas Farmacêuticas para o controle sanitário do funcionamento, da dispensação e da comercialização de produtos e da prestação de serviços farmacêuticos em farmácias e drogarias e dá outras providências" (CRF-GO, 2024).
- RDC n. 22/2014 – "Dispõe sobre o Sistema Nacional de Gerenciamento de Produtos Controlados – SNGPC [...]" (CRF-GO, 2024).

- RDC n. 166/2017 – "Dispõe sobre a validação de métodos analíticos e dá outras providências" (Anvisa, 2017a).
- RDC n. 200/2017 – "Dispõe sobre os critérios para a concessão e renovação do registro de medicamentos com princípios ativos sintéticos e semissintéticos, classificados como novos, genéricos e similares [...]" (Anvisa, 2017b).
- RDC n. 234/2018 – "Dispõe sobre a terceirização de etapas de produção, de análises de controle de qualidade, de transporte e de armazenamento de medicamentos e produtos biológicos, e dá outras providências" (Anvisa, 2018).
- RDC n. 301/2019 – "Dispõe sobre as Diretrizes Gerais de Boas Práticas de Fabricação de Medicamentos" (Anvisa, 2019b).
- RDC n. 406/2020 – "Dispõe sobre as Boas Práticas de Farmacovigilância para Detentores de Registro de Medicamento de uso humano, e dá outras providências" (Anvisa, 2020).
- Portaria n. 344/1998 – "Aprova o Regulamento Técnico sobre substâncias e medicamentos sujeitos a controle especial" (CRF-GO, 2024).
- Portaria n. 2.043/1994 – "Institui o Sistema de Garantia da Qualidade de produtos correlatos submetidos ao regime da Lei nº 6.360, de 27 de setembro de 1976 e o Decreto nº 79.094, de 05 de janeiro de 1977" (Minas Gerais, 2024).
- Portaria n. 802/1998 – "Institui o sistema de controle e fiscalização em toda cadeia dos produtos farmacêuticos" (CRF-GO, 2024).
- Portaria n. 519/1998 – "Regulamento Técnico para Fixação de Identidade e Qualidade de Chás – Plantas Destinadas à Preparação de Infusões ou Decocções [...]" (Brasil, 1998b).
- Resolução n. 596/2014 – "Dispõe sobre o Código de Ética Farmacêutica, o Código de Processo Ético e estabelece as infrações e as regras de aplicação das sanções disciplinares" (CRF-GO, 2024).

Com base na legislação vigente, o controle de qualidade de medicamentos visa garantir que os itens produzidos e a serem distribuídos em larga escala estejam em conformidade com as especificações legais.

O controle de qualidade pode ser dividido em físico-químico ou microbiológico. Independentemente disso, são avaliadas características como dose, pureza, perfil de dissolução e desintegração, além da presença de determinados microrganismos prejudiciais à saúde. Para tanto, são realizados ensaios para atestar a qualidade, a segurança e a eficácia terapêutica dos produtos farmacêuticos.

Em razão das peculiaridades das formas farmacêuticas, cada uma delas precisa passar por um conjunto diferente de ensaios. Portanto, todos os ensaios físico-químicos ou microbiológicos passíveis de aplicação estão descritos na Farmacopeia Brasileira (Anvisa, 2019a) e precisam ser seguidos e documentados.

Para cada forma farmacêutica, existem os seguintes ensaios físico-químicos:

- **Ensaios em formas farmacêuticas sólidas**: referentes a resistência mecânica, dureza e friabilidade, biodisponibilidade *in vitro*, tempo de desintegração e dissolução, uniformidade de conteúdo e peso médio. Em alguns casos específicos, como na produção de cápsulas, podem ser promovidos outros ensaios (por exemplo, de adesividade, dimensões, cor e sujidades).
- **Ensaios em formas farmacêuticas líquidas**: aplicados para determinar o pH, a densidade e o volume para envase; em suspensões, é necessário realizar ensaios de sedimentação, cor e viscosidade.
- **Ensaios em formas farmacêuticas semissólidas**: normalmente, avaliam peso e uniformidade, comportamento reológico e consistência. Vale lembrar que as formas semissólidas têm uma consistência específica, a qual deve ser mantida.

Além de passar pelos ensaios físico-químicos, um medicamento só pode ser liberado após a comprovação de que está livre de microrganismos prejudiciais à saúde dos usuários. Isso porque estes também podem acarretar a degradação precoce da fórmula e causar a instabilidade da formulação, a alteração de suas características físicas e de aparência e a inativação dos princípios ativos e excipientes da formulação. As formas farmacêuticas que contêm água em sua formulação são mais propensas ao desenvolvimento de microrganismos.

Os ensaios analíticos empregados no controle de qualidade microbiológico são métodos gerais de contagem em placas de microrganismos aeróbios e fungos. Ainda, sua aplicação é recorrente na pesquisa de microrganismos patogênicos *Escherichia coli*, *Pseudomonas aeruginosa*, *Salmonella spp.* e *Staphylococcus aureus*, bem como em testes para atestar a eficácia do sistema conservante.

A área do controle de qualidade está em constante atualização e desenvolvimento. Todos os seus processos demandam a atuação de funcionários devidamente qualificados e o emprego de equipamentos com alta sensibilidade, a fim de produzir resultados cada vez mais precisos, no menor tempo e com o menor custo.

Em que pese a tecnicidade da área, a principal responsabilidade do controle de qualidade, além do aprimoramento dos processos industriais, reside no cuidado dos próprios pacientes. Isso porque todos os processos correlacionados são realizados com o objetivo de que os medicamentos produzidos estejam à disposição dos consumidores finais da maneira mais adequada e segura possível.

Síntese

Neste capítulo, explicamos que, para o sucesso de uma terapia medicamentosa, é necessário levar em consideração as características do paciente em relação ao uso dos medicamentos. Isso porque a terapia só terá efeitos positivos se os fármacos forem administrados corretamente. Com efeito, foram desenvolvidas diversas formas farmacêuticas, e cada uma apresenta peculiaridades, as quais lhes conferem vantagens e desvantagens.

Também, comentamos que, com o passar dos anos, essas formas farmacêuticas precisaram ser reformuladas, a fim de acompanhar o desenvolvimento e as exigências dos usuários.

Além disso, discutimos a necessidade de garantir que tais formas sejam disponibilizadas aos pacientes de maneira estável, segura e mantendo intactas todas as suas propriedades farmacológicas. A área responsável por atestar essas exigências é o controle de qualidade, processo que envolve toda a cadeia de produção, distribuição e armazenamento, com foco principal no consumidor.

Para saber mais

Todos os testes realizados nas indústrias farmacêuticas para garantir que os medicamentos respeitam as legislações vigentes estão descritos na Farmacopeia Brasileira. Trata-se de um documento oficial, publicado pela Anvisa, que é atualizado a cada dois anos por profissionais selecionados. Nele, além da descrição dos testes, também constam todos os termos utilizados em farmácia.

ANVISA – Agência Nacional de Vigilância Sanitária. **Farmacopeia brasileira**. 6. ed. Brasília, 2019. v. 1. Disponível em: <https://www2.fcfar.unesp.br/Home/Instituicao/Departamentos/principiosativosnaturaisetoxicologianovo/farmacognosia/farmacopeia-6-edicao.pdf>. Acesso em: 26 nov. 2023.

Questões para revisão

1. No mercado atual, vários medicamentos se apresentam em mais de uma forma farmacêutica e podem ser administrados por diferentes vias. Qual é a importância dessas diferentes vias e formas de administração?

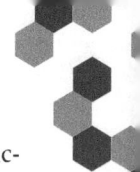

2. Por que as emulsões são consideradas formas farmacêuticas de característica única e são frequentemente escolhidas em detrimento de outras? Explique em que medida a singularidade das emulsões facilita a incorporação de princípios ativos e destaque as vantagens que essa característica oferece na formulação de medicamentos.

3. Nas preparações de formas farmacêuticas sólidas, são empregadas certas substâncias além dos princípios ativos que garantem as características dessas formas. A esse respeito, assinale a alternativa que lista somente adjuvantes usados em formas farmacêuticas sólidas:
   a) Diluentes, desintegrantes, lubrificantes, absorventes, aglutinantes e molhantes.
   b) Diluentes, conservantes, lubrificantes, antioxidantes, aglutinantes, molhantes e quelantes.
   c) Diluentes, desintegrantes, emulsionantes, conservantes, quelantes, tampões e edulcorantes.
   d) Diluentes, gelificantes, lubrificantes, conservantes, aglutinantes, molhantes, quelantes e edulcorantes.
   e) Diluentes, gelificantes, lubrificantes, emulsionantes, aglutinantes e molhantes.

4. Por definição, as emulsões correspondem a um sistema constituído por duas fases líquidas imiscíveis (oleosa e aquosa): a fase interna (fase dispersa) é finamente dividida e distribuída na fase externa (fase contínua). Ambas, naturalmente imiscíveis, unem-se de forma estabilizada pela ação do agente emulsionante. Assinale a alternativa que melhor descreve as características químicas desse agente:
   a) São substâncias que em sua estrutura química têm grupamentos hidrofóbicos, os quais se hidratam na presença de água. Isso resulta na diminuição da tensão superficial, tornando a formulação estável.
   b) São substâncias que em sua estrutura química têm grupamentos hidrofílicos, os quais se hidratam na presença de água. Isso

resulta na diminuição da tensão superficial, tornando a formulação estável.

c) São substâncias que conferem consistência de gel, e na mesma estrutura molecular há dois grupos: uma cabeça polar hidrofílica (afinidade com água) e uma cauda apolar hidrofóbica (sem afinidade com água). São agentes que reduzem a tensão superficial e garantem a mistura entre dois líquidos antes imiscíveis entre si.

d) São substâncias de características anfifílicas, e na mesma estrutura molecular há dois grupos: uma cabeça polar hidrofílica (afinidade com água) e uma cauda apolar hidrofóbica (sem afinidade com água). São agentes que reduzem a tensão superficial e garantem a mistura entre dois líquidos antes imiscíveis entre si.

e) São substâncias de características anfifílicas, e uma parte de sua estrutura é polar, e a outra é apolar. As cargas (-) em sua estrutura, quando neutralizadas com substâncias corretoras de pH, acarretam uma mudança na forma desta, que passa a ser estendida. São capazes de espessar a solução onde estão inseridas e, ainda, conferir-lhe transparência.

5. Em razão das características das diferentes formas farmacêuticas, cada uma delas precisa passar por um conjunto específico de ensaios para garantir a sua segurança e eficácia. Assinale a alternativa que melhor representa os ensaios físico-químicos realizados em formas farmacêuticas líquidas:

a) Determinação do pH, biodisponibilidade *in vitro*, ensaio de sedimentação, uniformidade do conteúdo.

b) Determinação do pH, densidade, adesividade, ensaio de dissolução, cor e viscosidade.

c) Determinação do pH, densidade, volume para envase, peso, cor e uniformidade.

d) Determinação do pH, densidade, resistência, ensaio de sedimentação, cor e tempo de desintegração.

e) Determinação do pH, densidade, volume para envase, ensaio de sedimentação, cor e viscosidade.

Questão para reflexão

1. Como a tecnologia tem contribuído para a evolução da farmacotécnica? Destaque três avanços tecnológicos significativos que impactaram positivamente a formulação e a produção de medicamentos. Além disso, reflita: como tais tecnologias influenciaram a eficácia terapêutica, a segurança dos pacientes e os processos industriais na indústria farmacêutica moderna?

Capítulo 2
Cosmetologia: tendências e atualidades

Patrícia Rondon Gallina Menegassa

Conteúdos do capítulo:

- Evolução da cosmetologia no decorrer da história.
- Tendências do mercado global e brasileiro de cosméticos.
- Princípios da cosmetologia.
- Composição dos cosméticos.
- Fórmulas tradicionais.
- Controle de qualidade na garantia da segurança e na eficácia dos produtos.

Após o estudo deste capítulo, você será capaz de:

1. explicar o contexto histórico da cosmetologia;
2. descrever o mercado mundial e sua evolução;
3. definir os conceitos gerais aplicados à cosmetologia;
4. identificar as formulações clássicas e os aspectos relacionados ao controle de qualidade de produtos cosméticos.

2.1 Contexto histórico da cosmetologia

A cosmetologia é a área das ciências farmacêuticas que estuda os produtos cosméticos, de higiene pessoal e perfumaria, desde a pesquisa e o desenvolvimento da formulação até sua disponibilização para a venda. Antes de tratarmos dos aspectos relacionados a essa ciência, convém apresentar brevemente seu contexto histórico.

Há, pelo menos, 30 mil anos os seres humanos utilizam seus corpos como objeto cultural. De acordo com muitos relatos, os povos primitivos já faziam uso de substâncias de embelezamento e maquiagem. Eles pintavam e tatuavam seus rostos e corpos a fim de afugentar os maus espíritos e agradar os deuses.

No Antigo Egito, os cosméticos eram comercializados em larga escala, pois os nativos cultivavam a beleza de forma extravagante. Na cultura egípcia da época, os cuidados com o corpo visavam preservar a beleza e obter prosperidade mesmo após a morte. Por essa razão, nas tumbas dos egípcios, era comum encontrar objetos de maior valor, inclusive produtos cosméticos. Como exemplo, no sarcófago de Tutancâmon, em 1400 a.C., foram descobertos diversos frascos de azeite utilizados para o tratamento do corpo, assim como potes de creme. E Cleópatra (Figura 2.1), rainha do Egito, era conhecida por ser o símbolo da beleza nativa. Ela cultivava os hábitos de se banhar em leite de cabra diariamente, para manter a pele suave e macia, e maquiar-se ao redor dos olhos com lápis preto Kajal, para destacar "as janelas da alma". Práticas como essas se eternizaram na história e contribuíram para fortalecer sua imagem, relacionando-a com o uso de cosméticos.

Figura 2.1 – Ilustração de Cleópatra

Kartick dutta artist/Shutterstock

Também na Antiguidade, em Atenas, Afrodite, filha de Zeus (o deus dos deuses) e de Dione (a deusa das ninfas), era considerada a deusa do amor, da beleza e da sexualidade. Por sua rara beleza, era vista como a personificação do ideal de beleza grega. Não por acaso, seduziu diversos homens e teve muitos amantes.

A presença da deusa Afrodite (Figura 2.2) na cultura grega também estimulou o uso de produtos para a beleza. Foi na Grécia que os cosméticos passaram a ser desenvolvidos em bases científicas. Já nos manuscritos de Hipócrates (o pai da medicina), era possível encontrar orientações sobre higiene pessoal.

Figura 2.2 – Ilustração da deusa Afrodite

alwih/Shutterstock

Em meados de 180 d.C., Cláudio Galeno, médico e filósofo romano de origem grega, começou a pesquisar a manipulação dos cosméticos, o que deu início à era galênica dos produtos químico-farmacêuticos. Foi nessa época que surgiu a alquimia, uma prática que unia arte, ciência e magia na manipulação de substâncias químicas.

Posteriormente, na Idade Média, sob o cristianismo, abandonaram-se o culto à higiene e a exaltação à beleza. O uso de cosméticos pela população europeia foi reprimido até que os produtos de beleza desaparecessem completamente. Esse período ficou conhecido como "500 anos sem banho".

Foi apenas no século XX que surgiram as primeiras indústrias de cosméticos. No Brasil, o segmento deu seus primeiros passos na segunda metade do século e alcançou os maiores mercados no começo do século XXI. As indústrias pioneiras da época mais tarde se tornariam as grandes potências na área.

Por conta da escassez de recursos, os primeiros cosméticos eram formulados especialmente com matérias-primas naturais de origem mineral ou vegetal. Todavia, com o progresso da indústria, novas técnicas foram desenvolvidas, e outras matérias-primas, mais eficientes, foram descobertas, o que contribuiu significativamente para aumentar as possibilidades de produção de cosméticos.

Um exemplo do avanço das tecnologias relacionado às matérias-primas foi a descoberta dos tensoativos, substâncias capazes de quebrar a tensão superficial entre misturas de água e óleo. Assim, tornou-se possível utilizar, em uma mesma formulação, substâncias com diferentes polaridades. Esse novo contexto proporcionou a criação das emulsões – atualmente, as formas cosméticas mais utilizadas pela indústria.

Quanto ao futuro da cosmetologia, o cenário é promissor: com o resgate das substâncias milenares associadas ao uso de novas tecnologias, será possível obter formulações cada vez mais seguras e eficazes.

2.2 Mercado mundial

A indústria de cosméticos analisa as tendências e necessidades de consumo do mercado da beleza e promove inovações tecnológicas e sustentáveis. Por essa razão, cada vez mais surgem alternativas de aplicativos e consultorias virtuais que orientam os consumidores em suas escolhas relacionadas à beleza.

Embora o valor financeiro de um produto ainda seja fator determinante na decisão de compra de determinado cosmético, produtos que apresentam alternativas ecológicas e cujos resultados são comprovados em suas embalagens costumam agradar os consumidores e influenciar as decisões de compra.

Atualmente, duas apostas da indústria vêm se destacando no mercado. A primeira diz respeito à categoria de produtos antipoluição, que prometem evitar os efeitos nocivos causados pela exposição a agentes poluentes que aceleram o processo de envelhecimento, devido à degradação de colágeno e elastina.

A segunda se refere ao conceito de produtos *genderless* (sem gênero). Como vivemos tempos de desconstrução de padrões e estereótipos, os produtos sem gênero não são destinados a um público específico e são comercializados em embalagens *clean* e minimalistas.

Esse mercado foi impulsionado pela marca francesa Chanel, que em 2018 lançou a Boy de Chanel, primeira linha de maquiagem masculina da empresa. A iniciativa foi o ponto de partida para que organizações de diversos segmentos também passassem a investir em produtos de maquiagem para o público masculino.

2.2.1 Mercado brasileiro

De acordo com dados divulgados pela agência Euromonitor, em 2021, o setor de higiene pessoal, perfumaria e cosméticos (HPPC) totalizou, em vendas globais, 124,5 bilhões de reais. Os grupos Unilever, Natura & Co e Boticário foram responsáveis por 37% dos produtos comercializados. Atualmente, o Brasil ocupa a quarta posição no *ranking* mundial de consumo de HPPC, atrás somente de EUA, China e Japão. O Brasil também corresponde ao segundo maior mercado de consumo masculino de todo o mundo, perdendo apenas para os EUA (Mendonça, 2022).

O segmento de cosmetologia vem se fortalecendo com a oferta de produtos cada vez mais inovadores e com o aperfeiçoamento de profissionais como cabeleireiros e esteticistas, por meio da realização de cursos de graduação e pós-graduação e da participação em congressos e *workshops*.

Em nível nacional, os produtos cosméticos são distribuídos em três canais básicos: distribuição tradicional (atacado e varejo), venda direta (conceito de vendas domiciliares) e franquias (lojas especializadas).

2.3 Conceitos aplicados à cosmetologia

Para atuar na área da cosmetologia, é necessário compreender adequadamente alguns conceitos básicos:

- **Cosméticos**: são formulações de uso externo, podendo ser constituídas por matérias-primas naturais ou sintéticas, cujos objetivos são limpar, perfumar, alterar a aparência, corrigir odores corporais, além de proteger a pele e mantê-la em bom estado, bem como os sistemas capilares, as unhas, os lábios e seus anexos.
- **Cosmecêuticos**: também chamados de *dermocosméticos*, consistem na união de produtos cosméticos e farmacêuticos. Podem apresentar leve ação medicamentosa, por causa da presença de ativos com efeito terapêutico. A Agência Nacional de Vigilância Sanitária (Anvisa), nem qualquer outra agência regulamentadora, não os reconhece como uma subclasse dos cosméticos. Portanto, trata-se de uma denominação empregada pelas indústrias para indicar o efeito terapêutico.
- **Nutracêuticos**: suplementos dietéticos, empregados em uma forma farmacêutica, que contêm substâncias bioativas concentradas oriundas de alimentos ou de parte de alimentos, porém de maneira isolada e mais concentrada, proporcionando um efeito favorável à saúde estética.
- **Embalagens primárias**: recipientes ou envoltórios que se encontram em contato direto com o produto (exemplos: sachês, bisnagas, potes e flaconetes).
- **Embalagens secundárias**: envoltórios que recobrem as embalagens primárias (exemplos: caixas e latas).

2.3.1 Categorias

De acordo com sua função, os cosméticos são enquadrados nas seguintes categorias:

- **Higienização**: produtos que removem impurezas, as quais podem ou não ser provenientes de secreções da superfície cutânea. Os higienizantes devem permanecer na pele apenas durante o tempo necessário para a limpeza. Exemplos: sabonetes e xampus.
- **Reparação e correção**: produtos que atuam nas imperfeições e lesões do tecido cutâneo – por exemplo, em cicatrizes causadas por acne.
- **Conservação e proteção**: produtos que mantêm a eudermia por meio da proteção e conservação das condições da pele. Exemplo: protetor solar.
- **Hidratação**: produtos que veiculam ativos capazes de realizar a deposição ou reposição de água no tecido, a exemplo dos hidratantes corporais.
- **Maquiagem e enfeite**: produtos que corrigem e/ou disfarçam imperfeições e realçam a beleza. Exemplos: batons, sombras e bases;
- **Demaquilantes**: produtos para a remoção da maquiagem.

2.3.2 Classificação de acordo com a Anvisa

No Brasil, os cosméticos compõem o grupo dos produtos para higiene e cuidados pessoais. De acordo com a Anvisa, eles são classificados em duas principais categorias:

- **Produtos de grau 1**: referem-se a produtos que apresentam risco mínimo. Sua formulação cumpre todos os requisitos de concentração dentro das faixas de segurança permitidas, tendo apenas propriedades básicas ou elementares. Por esse motivo, não é necessário

comprovar sua eficácia. Além disso, as embalagens desses produtos não precisam conter informações detalhadas, como modo de uso e restrições. Exemplos: sabonete e hidratantes.
- **Produtos de grau 2**: dizem respeito a produtos de indicação específica. Em virtude de suas características, apresentam certo potencial de risco. Logo, a comprovação de eficácia e segurança é mandatória. As embalagens dos produtos de grau 2 devem conter informações sobre cuidados, modo de uso e restrições. Exemplos: sabonete antisséptico, protetor solar e cremes antienvelhecimento.

2.3.3 Composição dos cosméticos

As formulações cosméticas podem ser compostas de diversas matérias-primas. As substâncias usadas em uma formulação podem ser de origem vegetal, animal ou mineral; também podem ser naturais ou sintéticas, de acordo com o método de extração ou sintetização.

A seguir, expomos as principais classes de matérias-primas empregadas em formulações cosméticas. Ressaltamos que a predominância de cada propriedade está relacionada à quantidade incorporada no produto.

- **Emolientes**: aumentam a hidratação, pois geram uma oclusão em virtude de suas características, em geral, oleosas, o que impede a perda de água transepidermal. Ainda, melhoram a aparência da pele, tornando-a mais suave, macia e flexível, além de ampliarem as capacidades de lubrificação e espalhabilidade. Exemplos: óleo de coco, óleo de amêndoas, óleo de canola, óleo mineral, lanolina, parafina, dimeticone, palmitato de isopropila e outros.
- **Umectantes**: reduzem o ressecamento, uma vez que têm uma propriedade higroscópica que absorve vapor de água e umidade, gerando uma película umectante na superfície da pele que auxilia na hidratação. Exemplos: propilenoglicol, polietilenoglicol, sorbitol, glicerina e ureia.

- **Espessantes**: conhecidos como glicerina, ureia e outros, aumentam a viscosidade da formulação, e melhoram sua estabilidade. Isso porque os espessantes são capazes de reduzir a velocidade de sedimentação. Quando um espessante é usado para suspender partículas dispersas em um veículo em que não é solúvel, recebe o nome de *agente suspensor*. Os agentes gelificantes também ampliam a viscosidade das formulações. Exemplos de espessantes: álcool estearílico, álcool cetoestearílico, monoestearato de glicerol e parafina; exemplos de agentes suspensores e gelificantes: hidroxietilcelulose, carboximetilcelulose, carboxivinil polímero e goma xantana.
- **Surfactantes**: também chamados de *tensoativos*, rompem a tensão superficial entre líquidos imiscíveis, constituindo formulações uniformes e estáveis, graças a sua propriedade molecular de afinidade entre substâncias hidrofílicas e lipofílicas. Em razão dessa característica, são amplamente usados em emulsões, caracterizadas por apresentar componentes aquosos e oleosos. Ainda, em virtude de sua alta detergência, são matérias-primas essenciais na formulação de sabonetes e xampus. Existem quatro classes de surfactantes, as quais dependem do caráter de sua porção hidrofílica: surfactantes aniônicos, catiônicos, não iônicos e anfóteros. Exemplos de surfactantes aniônicos e catiônicos: laurel sulfato de sódio, lauril sulfato de amônio, lauril sulfato de trietanolamina, lauril sulfosuccinato de sódio, e cloreto de cetrôminio; exemplos de surfactantes não iônicos: laurel glicosídeo, dietanolamida de ácido graxo de coco, e decilglucósido; exemplos de surfactantes anfóteros: cocoamidopropil betaína e cocoanfoacetato de sódio.
- **Conservantes**: preservam a formulação de possíveis contaminações por microrganismos; têm alto teor de água e são altamente susceptíveis à contaminação. Por isso, demandam sistemas de conservação mais eficazes do que as formulações com pouco teor de água ou estéreis. Exemplos: metilparabeno, propilparabeno, ácido benzoico, álcool benzílico e triclosan.

- **Agentes quelantes**: também chamados de *sequestrantes*, formam complexos estáveis com metais livres que podem estar presentes na formulação, os quais podem acelerar o processo de oxidação do cosmético. *Exemplos:* ácido etileno diamino tetracético (EDTA) e seus sais EDTA dissódico, EDTA trissódico ou EDTA tetrassódico.
- **Antioxidantes**: inibem ou bloqueiam a oxidação de componentes orgânicos como óleos vegetais e animais, que degradam a formulação e ocasionam alteração na cor e no odor do cosmético. Os antioxidantes devem ser aplicados antes que as matérias-primas oxidem, uma vez que têm caráter preventivo, e não corretor. Exemplos: ascorbato de sódio, metabissulfito de sódio e butilhidroxitolueno (BHT).
- **Corretores de pH**: têm efeito acidificante ou alcalinizante. São usados para corrigir o pH das formulações, a fim de que elas estejam compatíveis com o local de aplicação do cosmético. Os agentes acidificantes tornam o meio mais ácido, diminuindo o pH, ao passo que os alcalinizantes tornam o meio mais alcalino, aumentando o pH. Exemplos de agentes acidificantes: ácido acético, ácido bórico e ácido cítrico; exemplos de agentes alcalinizantes: trietanolamina, dietanolamina, bicabornato de sódio
- **Fragrâncias**: conferem odor agradável à formulação. Podem ser sintéticas ou naturais. Exemplos: acetato de benzila, acetato de linalina, gerânio, rosa e jasmim.
- **Corantes**: conferem cor à formulação; são de origem animal ou sintética, e podem ou não transferir a coloração para a superfície da pele e seus anexos. Sua utilização deve respeitar a legislação vigente sobre a lista de substâncias corantes permitidas para uso em cosméticos (Anvisa, 2012).

Além das classes de produtos citadas, existem várias outras específicas para formulações cosméticas, motivo pelo qual não foram contempladas neste material. Não obstante, há duas classes amplamente utilizadas e que merecem uma menção à parte: a dos solventes e a dos ativos cosméticos ou princípios ativos.

Os **solventes** dissolvem outras substâncias na preparação, podendo ser aquosos ou oleosos. Devem ser compatíveis com os demais componentes da formulação, apresentar baixa toxicidade e, de preferência, não ter cor ou odor. A água purificada é o solvente mais utilizado no mundo, mas também é possível recorrer a solventes auxiliares, como a glicerina, o etanol ou o álcool etílico.

Por fim, os **ativos cosméticos** ou **princípios ativos** são substâncias químicas ou biológicas capazes de adicionar à formulação propriedades mais específicas, entre elas ações anti-inflamatória, nutritiva, antisséptica, calmante e cicatrizante.

2.4 Formulações clássicas da cosmetologia

Conforme exposto no capítulo anterior, a forma farmacêutica de um cosmético se refere ao formato em que o produto final será apresentado aos consumidores. Cada forma farmacêutica deve ser escolhida a fim de facilitar o uso e obter o efeito desejado, levando em consideração a via de administração e a compatibilidade das matérias-primas empregadas. É possível encontrar diversas formas farmacêuticas utilizadas em cosmetologia, as quais podem ser líquidas, semissólidas ou sólidas.

2.4.1 Formas farmacêuticas utilizadas em cosméticos

- **Pó**: forma farmacêutica especialmente usada em maquiagens, argilas e pós antissépticos, pode apresentar um ou mais princípios ativos secos, além de conter ou não excipientes, os quais devem ter tamanho de partícula reduzido, uniforme e de sensorial agradável. Os pós podem ser comercializados nas versões seco e compactado, mas devem ser armazenados em estado seco. Todavia, em alguns casos, no momento de utilizá-los, pode-se fazer necessária a adição de água.

- **Barra**: trata-se de uma forma farmacêutica sólida utilizada em sabonetes, xampus e condicionadores, podendo assumir formatos variados. Sua formulação é derivada de soluções alcalinas acrescidas em óleos e gorduras de origem animal ou vegetal.
- **Bastão e *stick***: fáceis de transportar, essas formulações, moldadas para a aplicação em diversas partes do corpo, podem se apresentar em tamanhos e formatos variados. As matérias-primas predominantes em tais formulações são as ceras e os óleos, que proporcionam, a um só tempo, rigidez e elasticidade. Exemplos de produtos nesses formatos são os batons em bala, as lapiseiras de maquiagem e alguns desodorantes.
- ***Patch* transdérmico** (ou **adesivo**): promove um efeito sistêmico pela difusão do princípio ativo a uma velocidade constante por um período previamente determinado. Exemplos dessa classe são os adesivos para tratamento de acne, celulite etc.
- **Pomada**: formulação semissólida para aplicação na pele ou em mucosas. Sua preparação não possibilita a incorporação de grandes quantidades de água ou de agentes hidrofílicos, uma vez que conferem um aspecto mais gorduroso às pomadas, que já são predominantemente oleosas. Em virtude de suas características mais lipossolúveis, as pomadas geram oclusão, impedindo a transpiração e, com efeito, proporcionando maior hidratação. Seu uso é recomendado em regiões pequenas e mais secas. São úteis na cosmética capilar ou após a realização de procedimentos estéticos.
- **Creme**: consiste em uma emulsão formada por uma fase lipofílica e outra hidrofílica. Atualmente, é a forma farmacêutica mais utilizada em cosméticos, pois possibilita a incorporação de ativos tanto na fase aquosa quanto na oleosa. Conforme sua consistência, pode se apresentar em loções cremosas ou séruns.
- **Gel**: formado por um ou mais princípios ativos acrescidos em uma matriz de agente gelificante, e pode ou não conter partículas

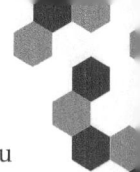

suspensas. Os géis são indicados para peles oleosas, acneicas ou seborreicas, em razão da grande quantidade de água em sua formulação. O efeito do gel é determinado pelos ativos empregados, podendo ser hidratante, refrescante ou calmante. Emulsões formuladas com géis formam os **géis-cremes**, que apresentam grande porcentagem de água e pouca ou quase nenhuma de óleo.

2.5 Controle de qualidade aplicado à cosmetologia

Em cosmetologia, o termo *qualidade* faz referência ao grau de excelência, à confiança e à durabilidade de determinado produto. A busca pela qualidade dos produtos é fundamental nos processos de desenvolvimento e fabricação, por ser indispensável para garantir a integridade das organizações. Por essa razão, é necessário que independentemente do nível hierárquico, todos os funcionários e colaboradores das empresas que trabalham com cosmetologia compreendam o conceito de qualidade e, principalmente, saibam aplicá-lo em suas funções.

O processo de elaboração e desenvolvimento de um programa de gestão de qualidade é lento e deve levar em consideração três pilares:

I. utilização de matérias-primas que passem por um rígido controle de qualidade, comprovado mediante laudos e certificados que atendam a todos os requisitos aplicáveis em cosméticos, nos âmbitos nacional e internacional;
II. aplicação de novas tecnologias na elaboração de formulações que atendam às normas vigentes estabelecidas pelos órgãos regulamentadores dos países em que serão comercializadas;
III. acompanhamento do produto no pós-venda, mediante programas de atendimento ao consumidor e de preservação do meio ambiente.

2.5.1 A Anvisa

No Brasil, o órgão que regulamenta o desenvolvimento de produtos de higiene pessoal, perfumaria e cosméticos é a Anvisa. E de acordo com a Lei n. 9.782/1999, que define o Sistema Nacional de Vigilância Sanitária, a missão da Anvisa é promover e proteger a saúde da população, garantindo que seja estabelecida a segurança sanitária de produtos e serviços, participando da elaboração do seu acervo (Brasil, 1999).

Além de sua atuação relacionada aos cosméticos, a Anvisa é responsável pela autorização de funcionamento, emissão de certificado de boas práticas de fabricação (BFF) e fiscalização de medicamentos, correlatos, alimentos e saneantes.

Para a produção segura e responsável dos produtos cosméticos, deve-se levar em consideração as orientações da legislação vigente sobre as BFF, a qual servirá como um manual sobre os cuidados a serem tomados para organizar a produção com base em fatores humanos, técnicos e administrativos do controle de qualidade.

2.5.2 Cuidados com a calibração e a aferição de equipamentos

A calibração e a aferição normalmente são adotadas em equipamentos de pesos ou de medidas, mas podem ser aplicadas a quaisquer maquinários em que sejam necessárias. O objetivo é verificar a operacionalidade de determinado equipamento, evitando que variáveis interfiram no resultado analítico.

É necessário estabelecer a periodicidade das duas operações. Além disso, é importante ressaltar que ambas devem ser realizadas por uma empresa prestadora de serviços qualificada para tal atividade, à qual compete emitir os laudos de calibração, contendo todos os resultados medidos, incluindo as incertezas.

2.5.3 Cuidados com a amostragem

Os ensaios de controle de qualidade são realizados em amostras, ou seja, em pequenas frações que representam as mesmas características de um todo – por exemplo, um único lote de toda uma produção.

Atualmente, há diversas técnicas por meio das quais é possível realizar a extração de uma amostra. Assim, para selecionar a técnica mais adequada, deve-se levar em consideração a finalidade dos ensaios a serem realizados.

Além disso, é necessário que os procedimentos sejam feitos apenas por pessoas treinadas, as quais deverão retirar uma quantidade suficiente da amostra para a realização dos testes. Após o envase final do produto, a alíquota deverá ser acondicionada em vidrarias apropriadas e limpas e devidamente identificadas e disponibilizadas para análise.

Antes de dar início às análises, é preciso tratar as amostras respeitando-se o estado físico de cada uma, conforme indicado no Quadro 2.1.

Quadro 2.1 – Tratamento de amostras de acordo com seu estado físico

Estado físico	Exemplos de cosméticos	Tratamento
Líquido	Perfumes, aerossóis, óleos, leites	Homogeneizar a amostra e retirar alguns mililitros
Semissólido	Emulsões, cremes e géis	Retirar a primeira camada de produto e homogeneizar o restante da amostra
Sólido	Sabonete em barra, batom em bastão, pós compactos, sombras	Para os pós, deve-se agitar a embalagem e, depois, retirar uma amostra; para os sólidos compactados, deve-se retirar a camada superficial por meio de raspagem e, então, retirar a amostra

Fonte: Elaborado com base em Pinto; Alpiovezza; Righetti, 2014.

2.5.4 Ensaios analíticos

Os ensaios analíticos possibilitam verificar se o produto respeita as normas vigentes e devem ser conduzidos por profissionais especializados na área de controle de qualidade. A escolha do ensaio a ser realizado deve levar em conta a categoria do cosmético, o método de amostragem e os equipamentos disponíveis, podendo ou não ser adaptado pelo fabricante do produto – conforme a legislação permitir.

Os ensaios podem ser divididos em três grandes grupos: organolépticos, físico-químicos e microbiológicos.

Ensaios organolépticos

Os ensaios organolépticos têm o objetivo de avaliar a "amostra-teste", isto é, a amostra que se deseja analisar por meio da comparação com outra considerada padrão (isto é, a ideal). A amostra-padrão deve ser mantida em condições controladas, para que não ocorra nenhum tipo de alteração organoléptica que possa comprometer as análises. Os principais ensaios organolépticos são estes: de aspecto; de cor; de odor; de sabor; e de tato.

Ensaios físico-químicos

Nos ensaios físico-químicos, o objetivo é avaliar as características físico-químicas das amostras, ou seja, os aspectos técnicos do produto. Para tanto, é preciso utilizar equipamentos para obter resultados confiáveis. Além disso, a documentação dos ensaios e da calibração dos equipamentos deve ser arquivada para fins de rastreabilidade. Entre os principais ensaios físico-químicos, destacam-se os seguintes: (1) determinação de pH; (2) determinação de viscosidade; (3) determinação de densidade; (4) determinação de materiais voláteis; (5) determinação de umidade e teor de água; (6) granulometria; (7) testes de estabilidade.

No Quadro 2.2, a seguir, apresentamos os principais ensaios recomendados, de acordo com a classe do cosmético.

Quadro 2.2 – Ensaios analíticos sugeridos de acordo com a classe de cosmético

Classe de produto	Ensaios sugeridos
Água de colônia, água perfumada, perfume e extrato aromático	Aspecto, cor, odor/sabor, densidade e teor alcoólico
Água oxigenada	Aspecto, cor, pH, densidade e teor de ativos
Alisante e ondulante	Aspecto, cor, odor/sabor, pH, densidade, viscosidade e teor de ativos
Clareador de pele	Aspecto, cor, odor/sabor, pH, densidade, viscosidade e teor de ativos
Clareador e descolorante de cabelo	Aspecto, cor, pH e teor de ativos
Clareador de pelos do corpo	Aspecto, cor, pH, densidade e teor de ativos
Condicionador e máscara capilar	Aspecto, cor, odor/sabor, pH, densidade e viscosidade
Creme, loção, gel ou óleo para o rosto/corpo/cabelos/mãos/pés	Aspecto, cor, odor/sabor, pH, densidade e viscosidade
Dentifrícios	Aspecto, cor, odor/sabor, pH, densidade e viscosidade
Depilatório químico	Aspecto, cor, pH, densidade, viscosidade e teor de ativos
Desodorante, desodorante antitranspirante e antiperspirante (aerossol)	Aspecto, cor e odor/sabor
Desodorante, desodorante antitranspirante e antiperspirante (roll-on, creme e stick)	Aspecto, cor, odor/sabor e pH
Desodorante, desodorante antitranspirante e antiperspirante (spray)	Aspecto, cor e odor/sabor
Enxaguatório bucal	Aspecto, cor e odor/sabor
Esmalte, verniz e brilho para unhas	Aspecto, cor, densidade e viscosidade
Loção ou gel higienizante	Aspecto, cor, odor/sabor, densidade e viscosidade
Maquiagem (bastão/bala)	Aspecto, cor, odor/sabor e ponto de fusão

(continua)

(Quadro 2.2 – conclusão)

Classe de produto	Ensaios sugeridos
Maquiagem (creme/líquido)	Aspecto, cor, odor/sabor e viscosidade
Maquiagem (lápis)	Aspecto, cor, odor/sabor e ponto de fusão
Maquiagem (pós compactados ou não)	Aspecto, cor, odor/sabor e umidade
Neutralizante para permanente e alisante	Aspecto, cor, odor/sabor, pH, densidade e teor de ativos
Produtos para alisar e tingir os cabelos	Aspecto, cor, odor/sabor, pH, viscosidade e teor de ativos
Produtos para barbear	Aspecto, cor, odor/sabor e pH
Produtos para fixar, modelar ou embelezar os cabelos	Aspecto, cor, odor/sabor e pH
Protetor solar e bronzeador	Aspecto, cor, odor/sabor e teor de ativos
Removedor de esmalte	Aspecto e cor
Repelente de insetos	Aspecto, cor, odor/sabor e teor de ativos
Sabonete em barra	Aspecto, cor, odor/sabor, alcalinidade livre/ácido graxo livre e umidade
Talco em pó	Aspecto, cor, odor/sabor, pH, densidade aparente e umidade
Talco líquido/cremoso	Aspecto, cor, odor/sabor e densidade
Tintura capilar	Aspecto, cor, odor/sabor, pH e teor de ativos
Xampu e sabonete líquido/creme e gel	Aspecto, cor, odor/sabor, pH, densidade e viscosidade

Fonte: Elaborado com base em Pinto; Alpiovezza; Righetti, 2014.

Controle microbiológico

Os parâmetros microbiológicos aceitáveis de um produto cosmético são determinados pelas portarias em vigência e podem variar conforme a classe do produto. Alterações em parâmetros como pH, viscosidade e cor podem indicar algum nível de contaminação biológica que deve ser investigada.

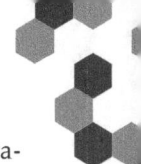

Certas características naturais são capazes de favorecer a proliferação de microrganismos, especialmente em produtos cuja formulação utilize matérias-primas de origem natural com pouco ou nenhum tipo de tratamento químico, as quais são mais suscetíveis à contaminação, a exemplo de gelatinas, gomas, açúcares e proteínas. Por sua vez, matérias-primas com baixa atividade de água são mais resistentes à contaminação, como é o caso de ceras, óleos e parafinas. Além disso, existem insumos que podem inibir a proliferação de microrganismos, graças a suas características antimicrobianas ou antifúngicas.

As matérias-primas sintéticas têm menores chances de contaminação em comparação com as matérias-primas naturais, em virtude dos diversos tratamentos químicos a que são submetidas durante sua síntese.

Para evitar a contaminação em produtos cosméticos, a adição de conservantes à formulação é indispensável. Nesse sentido, a seleção do produto conservante deve ser realizada ao longo do período de pesquisa e desenvolvimento, respeitando as características físico-químicas da formulação, com o objetivo de que elas sejam compatíveis, bem como a listagem de conservantes autorizados pelos órgãos regulamentadores de cada país.

Assim, a fim de garantir a eficácia do sistema de conservação, o produto deverá ser submetido a testes que envolvem a contaminação proposital de bactérias, fungos e leveduras.

Os melhores sistemas de conservação são os de amplo espectro, com atividades bacteriostáticas e fungistáticas.

Síntese

A cosmetologia estuda novas tecnologias e ativos, além de desenvolver novas formulações destinadas à limpeza, à manutenção e ao embelezamento.

Trata-se de um campo em franca expansão em todo o mundo, o que justifica a necessidade de se promover investigações a respeito de possibilidades vinculadas à inovação de produtos e de tratamentos cosméticos. Isso porque, conforme enfatizamos neste capítulo, os cosméticos, quando utilizados adequadamente na pele e nos cabelos, proporcionam resultados satisfatórios.

Contudo, vale reforçar que a finalidade da cosmetologia não é curativa; seu propósito é é melhorar as alterações inestéticas da pele e seus anexos.

Para saber mais

O controle de qualidade é fundamental na indústria cosmética, na medida em que assegura a integridade, a eficácia e a segurança dos produtos. A capacidade de um produto preservar suas características ao longo do tempo é um indicador direto da eficiência do processo de fabricação e do comprometimento da empresa quanto à consistência e à confiabilidade perante os consumidores. Nesse contexto, a Anvisa desenvolveu o "Guia de estabilidade de produtos cosméticos", cujo intuito é garantir a qualidade, com foco especial em estudos de estabilidade para manter as características do produto durante seu período de validade. O objetivo do documento, nesse sentido, é fornecer estudos e recomendações que orientem tanto os profissionais do setor regulado quanto os avaliadores dos órgãos governamentais.

ANVISA – Agência Nacional de Vigilância Sanitária. **Guia de estabilidade de produtos cosméticos.** Brasília, 2004. Disponível em: <https://bvsms.saude.gov.br/bvs/publicacoes/cosmeticos.pdf>. Acesso em: 3 jan. 2024.

Questões para revisão

1. Avalie as assertivas a seguir e marque com V as verdadeiras e com F as falsas:

   ( ) As pomadas são formulações sólidas para aplicação na pele ou em mucosas.
   ( ) Os cremes consistem em emulsões formadas por uma fase lipofílica e uma fase hidrofílica.
   ( ) Os pós são formas farmacêuticas utilizadas somente em maquiagem.

   A seguir, indique a alternativa que apresenta a sequência correta:

   a) F, V, F.
   b) F, F, V.
   c) V, F, V.
   d) V, F, F.
   e) V, V, V.

2. Leia o trecho:

   Os corretores de pH têm efeito acidificante ou alcalinizante e são utilizados para corrigir o pH das formulações, a fim de que estas sejam compatíveis com o local em que o cosmético será aplicado.

   Assinale a alternativa que corresponde a um agente alcalinizante:

   a) Trietanolamina.
   b) Ureia.
   c) Ácido bórico.
   d) Polietilenoglicol.
   e) Lauril éter sulfato de sódio.

3. Qual é a função dos surfactantes?

4. Leia o seguinte trecho:

   Formulações moldadas que são facilmente transportadas, pois podem apresentar tamanhos e formatos variados, para aplicação em diversas partes do corpo.

   A que forma(s) farmacêutica(s) essa passagem se refere?

5. Leia o trecho a seguir, sobre os emolientes:

   São utilizados para aumentar a hidratação pois, em virtude de suas características (em geral, oleosas), formam uma oclusão que impede _____.

   Marque a alternativa que completa corretamente a lacuna:

   a) o ressecamento
   b) a perda de água transepidermal
   c) a obstrução dos poros
   d) a passagem do produto para camadas mais profundas da pele
   e) a cicatrização da pele

Questões para reflexão

1. À medida que a conscientização ambiental ganha cada vez mais evidência, quais são as principais tendências e desafios no desenvolvimento de cosméticos sustentáveis, considerando ingredientes, embalagens e práticas de produção? Como a indústria pode se adaptar às crescentes demandas dos consumidores?

2. Como as tecnologias emergentes, como inteligência artificial, biotecnologia e nanotecnologia, estão moldando a inovação no desenvolvimento de cosméticos? Qual é o papel da pesquisa interdisciplinar e das colaborações entre cientistas, engenheiros e profissionais de beleza quanto ao desenvolvimento de produtos mais eficazes e personalizados?

Capítulo 3
Tecnologia e análise bromatológica na ciência farmacêutica

Vinícius Bednarczuk de Oliveira

Conteúdos do capítulo:

- Fundamentos da bromatologia e a composição dos alimentos.
- Qualidade dos alimentos e segurança alimentar.
- Análise bromatológica e tecnologia de alimentos.

Após o estudo deste capítulo, você será capaz de:

1. indicar os fundamentos da bromatologia;
2. analisar a composição e as variações dos alimentos;
3. avaliar a qualidade dos alimentos;
4. expressar os conceitos de segurança alimentar;
5. aplicar as técnicas de análise laboratorial;
6. explorar a tecnologia de alimentos.

3.1 Introdução à bromatologia

A ciência dos alimentos, conhecida como bromatologia, é um campo multidisciplinar crucial para o entendimento, a análise e a garantia da qualidade dos alimentos que consumimos diariamente. Assim, neste capítulo, abordaremos as raízes históricas dessa área, bem como suas aplicações contemporâneas e seu impacto substancial na nutrição e na segurança alimentar.

A seleção de alimentos e a compreensão de sua composição causam impactos diretos em nossa saúde e bem-estar. Nessa perspectiva, graças à bromatologia, somos capazes de avaliar os alimentos em nível molecular, analisando aspectos como composição, textura, sabor e valor nutricional. Portanto, nossa capacidade de tomar decisões informadas acerca dos alimentos que consumimos depende, em grande parte, do conhecimento proporcionado por essa área.

No entanto, a ciência dos alimentos não se limita à nutrição. Ela também contribui para asseverar a segurança dos alimentos. Levando em conta a crescente complexidade referente à cadeia de suprimentos de alimentos e os riscos associados à produção em massa, a bromatologia representa uma defesa contra potenciais ameaças à saúde pública. Em outras palavras, desde a identificação de contaminantes até o desenvolvimento de padrões de segurança alimentar, ela é essencial para proteger os consumidores de alimentos inadequadamente processados ou contaminados.

Ao longo deste capítulo, abordaremos os fundamentos da bromatologia, desde a composição dos alimentos até a avaliação de sua qualidade sensorial. Além disso, elucidaremos os métodos analíticos que facultam aos cientistas de alimentos analisar as características particulares dos produtos finais. Por fim, comentaremos o papel da tecnologia de alimentos na transformação de matérias-primas em produtos seguros e atraentes.

3.2 Fundamentos da bromatologia

A bromatologia é uma disciplina que tem intersecções com as áreas de nutrição, segurança alimentar e qualidade dos alimentos. Neste subcapítulo, versaremos sobre os fundamentos da bromatologia, incluindo sua definição, escopo, evolução histórica, objetivos e aplicações na sociedade.

3.2.1 Definição e escopo da bromatologia

A bromatologia é uma ciência intrincada e multifacetada que se dedica à análise detalhada dos alimentos, lidando com sua composição química, física, sensorial e microbiológica. Sua abrangência transcende a simples categorização de produtos alimentícios; seu objetivo é desvendar a complexidade de cada elemento presente em nossas dietas, abrangendo desde as matérias-primas até os produtos processados.

A seguir, apresentamos uma breve análise dos objetos de estudo da bromatologia:

- **Composição química dos alimentos**: o foco primordial da bromatologia reside na análise da composição química dos alimentos, o que engloba a identificação e a quantificação de macro e micronutrientes como proteínas, carboidratos, lipídios, vitaminas, minerais e compostos bioativos. Conhecer a composição química dos diferentes alimentos é necessário para avaliar o valor nutricional deles e para formular dietas balanceadas.
- **Composição física dos alimentos**: a disciplina também se concentra na estrutura física dos alimentos, abrangendo aspectos como textura, tamanho de partículas, viscosidade e densidade.
- Todos esses fatores são cruciais para a aceitação sensorial dos alimentos, bem como para a tecnologia de processamento.
- **Composição sensorial dos alimentos**: pilar da bromatologia, a análise sensorial visa compreender a percepção humana dos

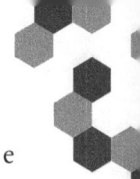

alimentos. Ela inclui aspectos como sabor, aroma, cor, textura e aparência. Nessa ótica, os cientistas empregam técnicas sensoriais para quantificar tais atributos. Essa prática é útil na medida em que proporciona o desenvolvimento de produtos que atendam às preferências dos consumidores.

- **Composição microbiológica dos alimentos**: a bromatologia também se ocupa da microbiologia dos alimentos, investigando a presença de microrganismos como bactérias, leveduras e bolores, os quais podem afetar a qualidade e a segurança dos produtos finais. Por isso, a detecção e o controle de patógenos alimentares são cruciais nessa vertente.
- **Interdisciplinaridade e abordagem holística**: a característica distintiva da bromatologia é sua natureza interdisciplinar. Expresso de outro modo, ela se beneficia de conhecimentos e técnicas de outras áreas, como a química, a biologia, a física e a microbiologia, para compreender os alimentos em sua totalidade. Nessa perspectiva, a análise de alimentos demanda uma abordagem holística, na medida em que um alimento é muito mais que a soma de suas partes; trata-se de um sistema complexo com interações intrincadas.

A importância da bromatologia vai muito além dos laboratórios de pesquisa. Isso porque o conhecimento proporcionado por essa ciência é fundamental para diversos setores da sociedade. Em outras palavras, ela é necessária tanto para a formulação de políticas de segurança alimentar como para fomentar inovações na indústria de alimentos, além de promover a saúde pública.

3.2.2 Evolução histórica da ciência dos alimentos

A história da ciência dos alimentos, da qual a bromatologia participa, corresponde à contínua busca da humanidade por compreender, aprimorar e aproveitar os alimentos. Essa evolução histórica diz respeito não apenas à transformação dos alimentos em si, mas também à trajetória do próprio conhecimento e, com efeito, das técnicas associadas.

Os primeiros vestígios da ciência dos alimentos podem ser rastreados até as civilizações mais antigas. Os egípcios, por exemplo, desenvolveram técnicas de conservação, como a desidratação de peixes e carnes, e os romanos aperfeiçoaram a arte de conservar alimentos com a salga. Esses métodos rudimentares de preservação eram essenciais para a sobrevivência em épocas de escassez de alimentos.

Já na Idade Média, a alquimia culinária foi importante na preparação e transformação de alimentos. A influência da alquimia se refletiu na exploração de técnicas como a fermentação e a destilação, as quais posteriormente se mostrariam cruciais para a produção de bebidas alcoólicas e alimentos fermentados.

O século XVII testemunhou um crescimento significativo no conhecimento científico dos alimentos. A descoberta e compreensão de substâncias químicas como ácidos e bases possibilitaram o aprofundamento nas pesquisas vinculadas aos processos de fermentação e conservação. Além disso, a invenção do microscópio proporcionou o estudo das estruturas microscópicas dos alimentos, o que contribuiu para a criação da microbiologia dos alimentos.

Por sua vez, o século XIX simbolizou um marco para a formalização da ciência dos alimentos e, por extensão, da bromatologia. A influência da química, em particular, auxiliou na compreensão da composição dos alimentos. Ainda, a descoberta de nutrientes essenciais, como proteínas, carboidratos e lipídios, revolucionou a área da nutrição. Cientistas renomados, como Justus von Liebig e Antoine Lavoisier, favoreceram significativamente o desenvolvimento da ciência dos alimentos.

Já o século XX significou uma revolução na indústria alimentícia, impulsionada pela aplicação de conhecimentos científicos. A conservação de alimentos foi aprimorada graças à introdução de técnicas como a pasteurização e a refrigeração. Também nesse século, a análise sensorial se tornou uma disciplina à parte, o que viabilizou a avaliação objetiva de atributos sensoriais dos alimentos.

No século XXI, a ciência dos alimentos segue em contínua e rápida evolução. As recentes áreas da genômica e da biotecnologia, por exemplo, têm sido determinantes para a modificação de alimentos e a produção de organismos geneticamente modificados. Da mesma forma, ocorreram avanços importantes na tecnologia de alimentos, com a automação e a inovação na produção de alimentos processados.

Considerando essa breve apresentação histórica da ciência dos alimentos, constatamos que a humanidade sempre reconheceu a necessidade de compreender os alimentos, desde os processos tradicionais, nos primórdios da vida humana, até as inovações tecnológicas que experimentamos em nossos dias.

A bromatologia, como parte dessa história, destaca-se por atestar a qualidade e segurança dos alimentos, promover a saúde pública e contribuir com inovações na indústria de alimentos.

3.2.3 Objetivos e aplicações da bromatologia na sociedade

Os principais objetivos da bromatologia são garantir a qualidade e a segurança alimentar e promover a saúde e o bem-estar dos consumidores. Essas metas se desdobram em diversas aplicações práticas, as quais englobam desde a análise da composição nutricional dos alimentos até a detecção de contaminantes e a avaliação da qualidade sensorial.

Algumas das atividades que mais se beneficiam da bromatologia são estas:

- **Nutrição**: a análise dos nutrientes presentes nos alimentos é fundamental para a elaboração de dietas equilibradas, contribuindo para a prevenção de doenças e a promoção da saúde.

- **Segurança alimentar**: a identificação e o controle de contaminantes, como patógenos alimentares, substâncias tóxicas e alérgenos, são cruciais na proteção dos consumidores.
- **Desenvolvimento de novos produtos**: a pesquisa em bromatologia é essencial para a criação de alimentos inovadores, ou seja, adaptados às necessidades do mercado e que atendam aos requisitos de qualidade e segurança.
- **Legislação e regulamentação**: a bromatologia auxilia na formulação de padrões e regulamentos que atestem a segurança e qualidade dos alimentos comercializados.

Na sequência deste capítulo, comentaremos a importância da bromatologia nas esferas da nutrição e da segurança alimentar, bem como sua influência nos produtos que adquirimos para consumo, além dos aspectos regulatórios que norteiam a indústria de alimentos.

3.3 Composição dos alimentos

A análise da composição dos alimentos constitui um dos pilares fda bromatologia. Essa abordagem se dedica à avaliação detalhada dos componentes dos alimentos, segregando-os em macronutrientes e micronutrientes. Com essa separação, torna-se possível examinar minuciosamente as tabelas de composição de cada alimento e identificar as notáveis variações que podem se manifestar, as quais são influenciadas por uma multiplicidade de fatores que incluem aspectos como origem, processamento e sazonalidade.

3.3.1 Componentes básicos dos alimentos

Os alimentos correspondem a complexas combinações de macronutrientes e micronutrientes essenciais para o adequado funcionamento do corpo humano. No Quadro 3.1, a seguir, listamos os principais componentes nutricionais dos alimentos.

Quadro 3.1 – Principais macronutrientes e micronutrientes presentes nos alimentos

Macronutrientes

	Função	Fontes	Valor nutricional
Proteínas	Atuam na construção e no reparo dos tecidos do corpo. Elas também são componentes-chave de enzimas, hormônios e anticorpos.	Carnes magras, peixes, ovos, laticínios, leguminosas (feijões, lentilhas), nozes e sementes.	Fornecem aproximadamente 4 calorias por grama.
Carboidratos	São a principal fonte de energia para o corpo. São rapidamente convertidos em glicose, a qual é utilizada pelas células para produzir energia.	Grãos, frutas, legumes, massas, pães, cereais e vegetais ricos em amido.	Fornecem cerca de 4 calorias por grama.
Lipídios (gorduras)	Fornecem energia, atuam como isolantes térmicos e são componentes estruturais das membranas celulares. Além disso, são essenciais para a absorção de vitaminas lipossolúveis (A, D, E, K).	Óleos, manteiga, nozes, sementes, abacate e produtos de origem animal (gordura em carnes e laticínios).	Fornecem cerca de 9 calorias por grama, sendo a fonte de energia mais concentrada.
Vitaminas	São compostos orgânicos essenciais em uma ampla variedade de processos metabólicos no corpo. Em pequenas quantidades, são necessárias para a manutenção da saúde.	Diferentes alimentos fornecem vitaminas distintas. Por exemplo, a vitamina C é encontrada em frutas cítricas, e a vitamina A está presente em alimentos ricos em betacaroteno, como cenouras e batata-doce.	São categorizadas em lipossolúveis (A, D, E, K) e hidrossolúveis (C e complexo B). Cada uma desempenha funções específicas no organismo.

(continua)

(Quadro 3.1 – conclusão)

Macronutrientes			
	Função	Fontes	Valor nutricional
Minerais	Minerais como cálcio, ferro, zinco, magnésio e potássio são indispensáveis para diversas funções biológicas. O cálcio, por exemplo, é crucial para a saúde dos ossos, e o ferro, para o transporte de oxigênio no sangue.	São encontrados em uma variedade de alimentos. O cálcio, por exemplo, é abundante em laticínios; o ferro, em carnes vermelhas; o magnésio, em nozes e sementes.	Cada mineral tem uma função específica e necessária no organismo.
Água	É absolutamente necessária para a vida, pois atua no transporte de nutrientes e na regulação da temperatura. Além de ser solvente universal, é um componente crítico para as reações químicas do corpo.	É obtida principalmente pelo consumo de bebidas.	A hidratação adequada é vital para a saúde e o bem-estar.

Os componentes nutricionais incluídos no quadro anterior são vitais para manter a saúde e proporcionar o melhor funcionamento possível do organismo. Por essa razão, entender suas funções e saber onde encontrá-los são essenciais para uma nutrição equilibrada.

3.3.2 Tabelas de composição de alimentos

As tabelas de composição fornecem informações essenciais sobre os diversos alimentos. Elas são criadas por meio de rigorosas análises laboratoriais que utilizam técnicas como espectrometria, cromatografia e análise química para quantificar os nutrientes e outros componentes dos alimentos. Os dados obtidos são organizados e apresentados de maneira estruturada, tornando viável uma avaliação aprofundada da composição química dos alimentos.

As composições listadas nessas tabelas englobam uma variedade de nutrientes, incluindo macronutrientes como proteínas, carboidratos e lipídios, bem como micronutrientes, a exemplo de vitaminas e minerais. Além disso, tais tabelas contemplam informações acerca de outros componentes importantes, como fibras alimentares, aminoácidos e ácidos graxos. Nesse sentido, a abordagem detalhada proporcionada por esses recursos assegura que se faça uma completa avaliação da composição nutricional dos alimentos.

Essas tabelas são utilizadas por profissionais de saúde, como nutricionistas e dietistas, para o planejamento de dietas específicas, uma vez que possibilita o cálculo preciso da ingestão de nutrientes e, com efeito, a adaptação das dietas às necessidades individuais dos pacientes. Ademais, são ferramentas cruciais na pesquisa científica, já que facilitam a realização de estudos nutricionais, a análise de tendências dietéticas e a avaliação do impacto dos alimentos na saúde humana.

Por sua vez, os consumidores podem se beneficiar de tais recursos no sentido de que eles representam fontes confiáveis de informações a respeito da composição nutricional dos produtos alimentícios. Dito de outra forma, elas possibilitam que os consumidores adquiram mais conhecimentos acerca do que consomem, favorecendo a tomada de decisões alimentares mais saudáveis.

As informações contidas nessas tabelas são obtidas mediante análises laboratoriais de amostras representativas. Tais análises envolvem técnicas sofisticadas para determinar a concentração de nutrientes e de outros compostos presentes nos alimentos. As bases de dados referentes à composição dos produtos alimentícios são constantemente atualizadas à medida que novas informações são disponibilizadas.

Entre as diversas possibilidades de aplicação das tabelas de composição de alimentos, estão:

- **Planejamento dietético**: nutricionistas e dietistas utilizam as tabelas de composição de alimentos para elaborar dietas equilibradas que atendam às necessidades específicas de seus pacientes.
- **Pesquisa científica**: as tabelas também são utilizadas por pesquisadores que investigam as relações entre dieta e saúde, a fim de desenvolver diretrizes nutricionais e conduzir análises epidemiológicas.
- **Rotulagem de alimentos**: as informações presentes nas tabelas de composição de alimentos são usadas para a criação de rótulos de produtos alimentícios, facultando aos consumidores conhecer a composição nutricional dos alimentos embalados.
- **Informação ao consumidor**: as tabelas constituem fontes confiáveis de informações nutricionais para os consumidores, ajudando-os a fazer escolhas alimentares mais corretas.

Embora sejam ferramentas valiosas, as tabelas de composição de alimentos têm algumas limitações, tais como:

- **Variação natural**: a composição de alimentos pode variar de acordo com fatores como sazonalidade, origem geográfica e métodos de cultivo. Portanto, as tabelas fornecem valores médios que podem não refletir a variação real.
- **Processamento**: o processamento de alimentos pode alterar a composição nutricional deles. Por exemplo, o cozimento pode reduzir o teor de vitaminas.
- **Erro de medição**: as análises laboratoriais sempre implicam margens de erro, o que pode significar a inserção de informações imprecisas.

Em que pesem tais limitações, as tabelas de composição de alimentos auxiliam a avaliação da ingestão de nutrientes, a pesquisa nutricional e a promoção da saúde pública, pois orientam as decisões de profissionais da saúde e de consumidores no que se refere a dietas alimentares.

3.3.3 Variações na composição dos alimentos

Longe de ser estática, a composição dos alimentos é suscetível a significativas variações, em razão de fatores que incluem:

- **Origem geográfica**: alimentos cultivados em diferentes regiões podem apresentar perfis nutricionais ligeiramente diferentes em virtude de variações no solo, no clima e nas práticas agrícolas.
- **Processamento**: alimentos processados frequentemente sofrem alterações em sua composição. Por exemplo, o cozimento pode reduzir o teor de algumas vitaminas, enquanto a secagem pode aumentar a concentração de nutrientes.
- **Sazonalidade**: alimentos colhidos em diferentes estações do ano também podem apresentar variações na composição de nutrientes. Frutas e vegetais sazonais, por exemplo, podem conter mais nutrientes em determinadas épocas.
- **Armazenamento e manipulação**: o armazenamento inadequado e/ou a exposição a condições adversas podem afetar a composição dos alimentos, acarretando a perda de nutrientes ou a formação de compostos indesejáveis.

Entender essas variações é necessário não somente para uma avaliação exata da qualidade nutricional dos alimentos, mas também para definir dietas equilibradas e saudáveis. Portanto, a análise da composição dos alimentos é crucial na promoção da nutrição e da saúde pública, na medida em que auxilia as pessoas a fazer melhores escolhas alimentares.

3.4 Qualidade dos alimentos

A qualidade dos alimentos é crítica tanto para a indústria de alimentos quanto para os consumidores. Ela engloba diversos parâmetros que afetam a aceitação do alimento, bem como aspectos como segurança, sabor, valor nutricional e outras características essenciais.

Neste subcapítulo, abordaremos os principais parâmetros de qualidade dos alimentos, os métodos de avaliação da qualidade sensorial e os fatores que exercem influência significativa sobre a qualidade dos produtos alimentícios.

Para a avaliação dos alimentos, há uma grande variedade de parâmetros que devem ser considerados, uma vez que podem afetar sua qualidade:

- **Sabor**: um dos atributos sensoriais mais importantes dos alimentos, o sabor se refere a aspectos como doçura, acidez, amargor e salinidade. Por exemplo, uma maçã deve ter um equilíbrio agradável entre doçura e acidez.
- **Aroma**: o aroma é essencial para a percepção do sabor. Isso porque os compostos voláteis liberados por um alimento afetam diretamente seu aroma. Por exemplo, o aroma de café recém-torrado é altamente valorizado.
- **Textura**: abrange características como crocância, maciez, viscosidade e uniformidade. Por exemplo, espera-se que pães recém-assados apresentem uma crosta crocante e o miolo macio.
- **Cor**: a cor influencia a aceitação de alimentos. Ela pode ser utilizada para avaliar a maturidade de frutas e legumes ou a qualidade de produtos como carnes e peixes.
- **Valor nutricional**: a qualidade nutricional é essencial para a saúde. Por isso, os alimentos são avaliados quanto a seu teor de nutrientes como proteínas, vitaminas, minerais e fibras.
- **Segurança alimentar**: a ausência de contaminantes, como patógenos alimentares e substâncias tóxicas, é um fator crítico para a qualidade dos alimentos.

A avaliação da qualidade sensorial dos alimentos envolve métodos objetivos e subjetivos e pode ser realizada pelos consumidores ou por meio de painéis de provadores treinados. A seguir, explicamos brevemente alguns métodos utilizados para tal avaliação:

- **Análise sensorial descritiva**: realizada por um grupo de provadores treinados que descrevem as características sensoriais do alimento mediante um vocabulário padronizado, o que auxilia a quantificar a intensidade de cada atributo sensorial.
- **Testes de aceitação do consumidor**: consumidores avaliam a aceitação global do alimento, por meio de escalas de classificação, questionários ou escalas hedônicas.
- **Análise de perfil do consumidor**: os consumidores são convidados a classificar os alimentos com base em características sensoriais específicas, possibilitando a segmentação dos produtos em grupos com características sensoriais semelhantes.

Ainda, são vários os fatores que podem afetar a qualidade dos alimentos, como:

- **Origem e matéria-prima**: a qualidade de um produto final dependerá sempre da qualidade da matéria-prima. Alimentos de origem superior tendem a ter melhores atributos sensoriais.
- **Processamento**: a forma como os alimentos são processados, cozidos, armazenados e embalados pode afetar sua qualidade sensorial. Por exemplo, o superaquecimento de óleos pode gerar sabores indesejados.
- **Armazenamento**: o armazenamento inadequado, como a exposição a oxigênio, luz e calor, pode deteriorar os alimentos.
- **Sazonalidade**: a disponibilidade sazonal de frutas, legumes e produtos do mar pode afetar a qualidade e o sabor dos alimentos.
- **Contaminação e higiene**: a presença de contaminantes, como bactérias patogênicas, micotoxinas ou produtos químicos, pode comprometer a qualidade e a segurança dos alimentos.

- **Tecnologia de processamento**: inovações na tecnologia de alimentos podem afetar positivamente a qualidade dos produtos, promovendo melhorias na textura, no sabor e no valor nutricional.

Conhecer os parâmetros de qualidade dos alimentos, os métodos de avaliação sensorial e os fatores que influenciam no produto final é crucial para a produção de alimentos de alta qualidade e para atender às expectativas dos consumidores no que se refere a sabor, segurança e valor nutricional, além de ser necessário para fomentar a melhoria contínua e a inovação na indústria de alimentos.

3.5 Segurança alimentar

A segurança alimentar é uma preocupação global diretamente relacionada à necessidade de que os alimentos destinados ao consumo humano não ofereçam riscos à saúde. Nesta seção, abordaremos os conceitos fundamentais vinculados à segurança alimentar, destacando a relevância dessa temática em âmbito mundial. Além disso, analisaremos os principais riscos associados aos alimentos, incluindo aqueles de natureza microbiológica, química e física, e discutiremos as regulamentações que objetivam assegurar a segurança dos produtos finais.

A área de segurança alimentar engloba vários elementos inter-relacionados, como exposto a seguir:

- **Disponibilidade de alimentos**: refere-se à disponibilidade de alimentos em quantidade e qualidade suficientes para atender às necessidades nutricionais da população.
- **Acesso a alimentos**: diz respeito à capacidade de indivíduos e comunidades adquirirem alimentos economicamente viáveis, seja por meio de compra, cultivo ou doação.

- **Utilização de alimentos:** relaciona-se ao uso adequado dos alimentos, incluindo a preparação, o armazenamento e o consumo adequados.
- **Estabilidade da segurança alimentar:** trata-se da manutenção da segurança alimentar com o passar dos anos, isto é, sem flutuações significativas.

A segurança alimentar é imprescindível porque a ingestão de alimentos contaminados ou inadequadamente processados pode ocasionar o desenvolvimento de doenças, afetando a saúde pública, a qualidade de vida e a economia. Portanto, garantir a segurança alimentar deve ser uma prioridade pessoal e governamental e, obviamente, para a indústria alimentícia em geral.

3.5.1 Como evitar os riscos alimentares

Conforme já aludimos, a ingestão de alimentos contaminados ou inadequadamente processados pode acarretar riscos significativos à saúde humana.

Os riscos alimentares podem ser categorizados em várias classes, das quais destacamos os riscos microbiológicos, químicos e físicos. A seguir, detalhamos cada um deles e especificamos estratégias eficazes para mitigá-los.

- **Riscos microbiológicos:** dizem respeito a microrganismos patogênicos, como bactérias, vírus e parasitas, que podem contaminar os alimentos. A ingestão desses microrganismos pode resultar em doenças transmitidas por alimentos (DTAs), as quais variam em gravidade. Para evitá-los, as boas práticas de higiene são mandatórias na produção e na manipulação de alimentos, incluindo a lavagem correta das mãos, a refrigeração adequada e o cozimento completo dos alimentos. Ainda, a pasteurização e a esterilização são métodos eficazes para eliminar ou reduzir a existência de microrganismos patogênicos nos alimentos.

- **Riscos químicos**: envolvem a presença de substâncias químicas tóxicas nos alimentos, seja por contaminação acidental ou pelo uso indevido de aditivos e pesticidas. Para evitar os riscos químicos, é crucial que a produção de alimentos siga as devidas regulamentações de segurança alimentar e evite o uso exagerado de produtos químicos. Nesse sentido, a análise bromatológica viabiliza a detecção de contaminantes químicos nos alimentos, a fim de atestar que respeitem os limites seguros estabelecidos pelas autoridades reguladoras.
- **Riscos físicos**: estão relacionados a objetos estranhos que podem entrar nos alimentos, como pedaços de vidro, metal ou plástico. A detecção e a prevenção de riscos físicos requerem a implementação de rigorosos procedimentos de controle de qualidade na indústria de alimentos, incluindo a inspeção visual, o uso de detectores de metais e a aplicação de boas práticas de fabricação.

É imperativo ressaltar que a prevenção e a mitigação dos riscos alimentares exigem a colaboração de todos os integrantes da cadeia alimentar, desde a produção até o consumo final. Nessa ótica, a educação ea conscientização dos profissionais da indústria alimentícia e dos consumidores são fundamentais para minimizar os riscos alimentares.

De igual importância são a regulamentação governamental, o monitoramento e a fiscalização, para atestar que os alimentos comercializados atendam aos rígidos padrões de segurança.

Logo, o cumprimento rigoroso das boas práticas em todas as etapas da cadeia de produção e distribuição de alimentos é a chave para evitar riscos à saúde pública e garantir uma alimentação segura e saudável.

3.5.2 Regulamentações e normas de segurança alimentar no Brasil

Para garantir que os alimentos disponíveis no mercado atendam aos mais elevados padrões de segurança alimentar, o Brasil conta com um sistema regulatório robusto, o qual abrange diversas leis, regulamentos e órgãos de fiscalização que trabalham em conjunto para assegurar a integridade dos alimentos consumidos pela população. Entre os principais elementos desse sistema, citamos os seguintes:

- **Agência Nacional de Vigilância Sanitária (Anvisa)**: uma das principais autoridades regulatórias no país, a ela cumpre a regulamentação de alimentos e a garantia da segurança alimentar. A agência estabelece normas e regulamentos referentes a aspectos como rotulagem de alimentos, aditivos alimentares, limites de contaminantes e microrganismos patogênicos em alimentos, entre outros. Ainda, a Anvisa monitora a conformidade dos produtos em relação a tais regulamentações e promove inspeções em instalações de produção de alimentos.
- **Ministério da Agricultura, Pecuária (Mapa)**: regulamenta a produção e a inspeção de alimentos de origem animal, como carne, leite e ovos. O Departamento de Inspeção de Produtos de Origem Animal (Dipoa) do Mapa estabelece normas para a produção, o transporte e a comercialização de alimentos de origem animal, para garantir a segurança e a qualidade desses produtos.
- **Instituto Nacional de Metrologia, Qualidade e Tecnologia (Inmetro)**: regulamenta e certifica produtos, incluindo embalagens de alimentos, com o intuito de certificar que as embalagens sejam seguras para comportarem alimentos e que cumpram os requisitos de rotulagem.
- **Sistema de Inspeção Federal (SIF)**: conduzido pelo Mapa, monitora e controla a produção de alimentos de origem animal. Os

estabelecimentos que recebem a certificação do SIF são autorizados a exportar produtos de origem animal, atestando-se a conformidade com padrões internacionais de segurança alimentar.

- **Código de Defesa do Consumidor (CDC)**: além das agências regulatórias específicas, o CDC (Brasil, 1990) estabelece direitos e responsabilidades dos consumidores e, indiretamente, influencia as práticas das empresas do setor de alimentos quanto à segurança e qualidade dos produtos.

As regulamentações e normas de segurança alimentar no Brasil estão alinhadas aos padrões internacionais, como o *Codex Alimentarius*[1], e buscam garantir a segurança e a qualidade dos alimentos produzidos e comercializados no país, o que engloba desde a produção primária até o consumo final, incluindo aspectos como higiene, rotulagem, controle de contaminantes, boas práticas de fabricação e padrões de qualidade.

Em um país como o Brasil, cuja produção agrícola e pecuária é significativa, buscar a segurança alimentar é essencial para proteger a saúde da população e manter a confiança dos consumidores. Diante disso, é mandatório que as empresas envolvidas respeitem as regulamentações, além de estarem sujeitas a uma fiscalização rigorosa. Além disso, a cooperação entre as agências regulatórias e a indústria alimentícia é de grande relevo.

---

[1] O *Codex Alimentarius* é um conjunto de normas internacionais desenvolvidas pela Comissão do Codex Alimentarius, uma entidade conjunta da Organização das Nações Unidas para Agricultura e Alimentação (FAO) e da Organização Mundial da Saúde (OMS). Tais normas visam garantir a segurança e a qualidade dos alimentos, facilitando o comércio internacional e promovendo práticas justas no setor alimentício. O Codex abrange uma ampla gama de temas, como padrões para alimentos, diretrizes de higiene, práticas justas de comércio e sistemas de inspeção e certificação. Desse modo, visa à proteção da saúde dos consumidores e à promoção da harmonização global das regulamentações alimentares (FAO, 2024).

3.6 Análise bromatológica: técnicas e aplicações

A análise bromatológica fornece informações detalhadas sobre a composição nutricional e química dos produtos alimentícios. Considerando isso, apresentamos, a seguir, as técnicas utilizadas nessa tarefa:

- **Determinação de umidade**: é realizada para medir a quantidade de água presente em um alimento e abrange a secagem da amostra em um forno a uma temperatura controlada até que o peso se estabilize. A diferença de peso antes e depois da secagem é usada para calcular a umidade. Essa técnica é vital para avaliar a estabilidade e a durabilidade dos alimentos, pois um teor excessivo de umidade pode favorecer a proliferação de microrganismos e deteriorar o produto.
- **Determinação de proteínas**: é aplicada para avaliar o valor nutricional dos alimentos. Para a determinação de proteínas, a técnica de referência é a titulação de Kjeldahl, que envolve a digestão da amostra com ácido sulfúrico para converter o nitrogênio em amônia. Após a digestão, a amônia é liberada, destilada e titulada, e o resultado é expresso em termos de proteína bruta. Essa técnica atesta a qualidade das proteínas nos alimentos, incluindo carnes, laticínios e produtos à base de plantas.
- **Determinação de lipídios**: a quantificação de lipídios é realizada para aferir o teor de gordura nos alimentos. A técnica mais comum é a extração de Soxhlet, na qual a amostra é extraída com um solvente orgânico, que dissolve os lipídios que, posteriormente, serão recuperados e pesados. Tal técnica é de extrema importância para a rotulagem precisa de produtos alimentícios, bem como para atestar que os teores de gordura estejam dentro dos limites especificados.
- **Determinação de carboidratos**: a análise de carboidratos engloba a quantificação de açúcares, amidos e fibras alimentares. Para a determinação de carboidratos, são utilizadas técnicas como a

titulação de hidratos de carbono e a cromatografia. As duas análises são essenciais para avaliar o conteúdo de carboidratos em alimentos, o que é relevante para o controle da qualidade e a formulação de produtos.

- **Determinação de vitaminas e minerais**: a análise de vitaminas e minerais é crucial para avaliar a composição nutricional dos alimentos. A cromatografia líquida de alta eficiência (HPLC) é frequentemente usada para quantificar vitaminas, e a espectrometria de absorção atômica é empregada para minerais. Ambas as técnicas são fundamentais para assegurar que os alimentos atendam às recomendações nutricionais e regulamentações de rotulagem.
- **Determinação de compostos bioativos**: além dos nutrientes, muitos alimentos contêm compostos bioativos, como antioxidantes. A análise desses compostos envolve técnicas avançadas, como a cromatografia líquida acoplada à espectrometria de massa (LC-MS). A identificação e a quantificação desses compostos são necessárias para avaliar o potencial benefício à saúde proporcionado pelos alimentos.

É imperioso proceder à análise bromatológica para a certificação de alimentos seguros e saudáveis, a formulação de dietas equilibradas e a pesquisa nas áreas vinculadas à ciência dos alimentos. Nesse sentido, os métodos apresentados são vitais para garantir a qualidade e a segurança dos alimentos, bem como para avaliar sua composição nutricional.

3.6.1 Padronização de métodos e procedimentos na análise bromatológica

A padronização de métodos e procedimentos proporciona resultados confiáveis, precisos e comparáveis entre diferentes laboratórios e ao longo dos anos. Esse processo padronizado é inegavelmente crítico para avaliar a qualidade e a credibilidade das análises no campo da bromatologia. Por isso, detalharemos a padronização, os principais aspectos envolvidos e sua implementação.

Na análise bromatológica, a importância da padronização de métodos e procedimentos se deve às seguintes razões:

- **Consistência e comparabilidade**: com a padronização, as técnicas analíticas são aplicadas de maneira consistente em diferentes laboratórios. Em outras palavras, ela possibilita que os resultados obtidos sejam comparáveis, independentemente do local de análise. Essa uniformidade é essencial para a validade e a utilidade dos dados gerados.
- **Confiabilidade dos resultados**: a padronização auxilia a minimizar erros e variações no processo de análise. Tal prática, consequentemente, contribui para gerar resultados mais confiáveis, que podem ser utilizados para fundamentar as tomadas de decisões em áreas desde a nutrição até a segurança alimentar.
- **Atendimento a normas e regulamentos**: Muitas análises bromatológicas estão sujeitas a regulamentações governamentais e padrões de qualidade. Logo, a padronização é um requisito para assegurar que as análises estejam em conformidade com essas normas, garantindo a segurança dos alimentos e a transparência das informações aos consumidores.

A implementação da padronização envolve vários aspectos, entre eles:

- **Métodos oficiais**: Muitas análises bromatológicas são regidas por métodos oficiais reconhecidos por instituições regulatórias. Tais métodos estabelecem procedimentos detalhados, assim como reagentes e equipamentos a serem utilizados, garantindo a uniformidade das análises.
- **Treinamento e qualificação**: os analistas devem ser devidamente treinados e qualificados para seguir os procedimentos padronizados,

o que envolve o conhecimento técnico necessário, além do uso correto de equipamentos de laboratório.

- **Controle de qualidade**: é indispensável implementar sistemas de controle de qualidade que incluam a calibração de equipamentos, a verificação de reagentes e a participação em programas de ensaios de proficiência, a fim de que os resultados das análises obedeçam aos limites aceitáveis.
- **Documentação e rastreabilidade**: todos os procedimentos e resultados devem ser adequadamente documentados, para que seja possível rastrear cada etapa da análise. Isso é importante para a validação dos resultados, bem como para a realização das auditorias de conformidade.

3.6.2 Interpretação de resultados e sua aplicação prática

Na análise bromatológica, a interpretação dos resultados é essencial para avaliar a qualidade e a segurança dos alimentos. Desse modo, é possível compará-los com regulamentações, padrões de qualidade e especificações de produtos. No entanto, há outras implicações referentes à interpretação e aplicação prática desses resultados, como:

- **Para garantir a conformidade**: os resultados contribuem para garantir que os alimentos respeitem as regulamentações de segurança alimentar, rotulagem e qualidade.
- **Para controlar a qualidade**: são usados para monitorar a qualidade durante a produção de alimentos e assegurar que os padrões sejam atendidos.
- **Para desenvolver novos produtos**: a análise dos alimentos é crucial para o desenvolvimento de novos produtos alimentícios, pois possibilita promover ajustes na formulação, com o objetivo de atender aos critérios de sabor, valor nutricional e segurança.

- **Em investigações e pesquisas:** os resultados das análises são usados em estudos acadêmicos e industriais para se compreender melhor a composição dos alimentos e, com efeito, elaborar novas técnicas de processamento.

Portanto, a análise bromatológica é imprescindível para se garantir a qualidade e a segurança dos alimentos que consumimos. Por meio da aplicação de técnicas precisas de laboratório, da padronização de métodos e da interpretação cuidadosa dos resultados, os alimentos podem ser monitorados e controlados em todas as fases da produção, desde a matéria-prima até o produto final. Todo esse processo é essencial para atender às necessidades dos consumidores e às regulamentações de segurança alimentar.

3.7 Tecnologia de alimentos

A tecnologia de alimentos é uma disciplina que estuda o processamento e a conservação de produtos alimentícios, com o objetivo de garantir sua qualidade, segurança e vida útil. Diante disso, a seguir, versaremos sobre o processamento de alimentos e seu impacto na composição e na qualidade, salientando as estratégias e as técnicas envolvidas, bem como as tendências e os avanços mais recentes vinculados a essa área.

3.7.1 Processamento de alimentos e sua influência na composição e na qualidade

O processamento de alimentos abrange diversas operações que transformam matérias-primas em produtos alimentícios prontos para o consumo. Existem vários métodos de processamento de alimentos, e a escolha de um método específico pode influenciar significativamente a composição e a qualidade dos produtos. Na sequência, expomos alguns exemplos de técnicas para o processamento de alimentos e seus respectivos impactos:

- **Cozimento**: pode afetar a textura, o sabor, o valor nutricional e a segurança dos produtos finais. Por exemplo, o cozimento excessivo de legumes pode levar à perda de vitaminas.
- **Concentração**: diz respeito à remoção da água de determinados alimentos, o que resulta no aumento da concentração de sólidos. Essa técnica é comumente usada na produção de sucos e produtos enlatados. Pode afetar a densidade nutricional dos alimentos.
- **Desidratação**: envolve a remoção da maioria da água dos alimentos, o que contribui para aumentar a vida útil deles. No entanto, pode acarretar a perda de algumas vitaminas e alterar a textura.
- **Irradiação**: a irradiação é utilizada para eliminar microrganismos e prolongar a vida útil dos alimentos. É eficaz para a conservação, mas pode impactar negativamente a qualidade nutricional.

3.7.2 Conservação de alimentos e métodos utilizados

Na tecnologia de alimentos, a conservação corresponde a uma etapa crucial, pois possibilita que os alimentos sejam armazenados e distribuídos por longos períodos de tempo sem que percam em qualidade e segurança. Alguns métodos comuns de conservação de alimentos são:

- **Refrigeração e congelamento**: reduzem a temperatura dos alimentos, retardando o crescimento de microrganismos e a deterioração.
- **Desidratação**: remove a água dos alimentos, para evitar a proliferação de microrganismos.
- **Aplicação de conservantes**: trata-se de adicionar substâncias, como ácido ascórbico (vitamina C) ou nitritos, a fim de inibir o crescimento de bactérias.

- **Enlatamento**: os alimentos são cozidos e selados em recipientes herméticos, impedindo a entrada de ar e microrganismos.
- **Irradiação**: a radiação ionizante é capaz de eliminar microrganismos e prolongar a vida útil dos alimentos.

3.7.3 Novas tendências em tecnologia de alimentos

A tecnologia de alimentos contribui para a produção, qualidade e segurança dos alimentos que consumimos. Ela segue em constante evolução, para atender às demandas dos consumidores e aos desafios da indústria alimentícia. A seguir, listamos algumas das tendências mais recentes:

- **Alimentos funcionais**: refere-se à criação de alimentos que oferecem benefícios específicos à saúde, a exemplo de produtos enriquecidos com probióticos, antioxidantes ou fibras.
- **Tecnologia de processamento mínimo**: diz respeito ao desenvolvimento de métodos que minimizam a exposição dos alimentos a altas temperaturas, favorecendo a preservação do valor nutricional e do sabor.
- **Alimentos sustentáveis**: as constantes preocupações com os impactos ao meio ambiente contribuíram para aumentar a produção e o consumo de alimentos sustentáveis, como alimentos orgânicos e de origem local.
- **Tecnologia de embalagem inovadora**: trata-se do desenvolvimento de embalagens que prolongam a vida útil dos alimentos, reduzem o desperdício e melhoram a segurança.
- **Alimentos à base de plantas**: houve um aumento na demanda por alimentos à base de plantas, como substitutos de carne e produtos lácteos.
- **Tecnologia de impressão 3D de alimentos**: a impressão 3D está sendo explorada na elaboração de alimentos personalizados e visualmente atraentes.

À medida que a indústria alimentícia se adapta às novas tendências e desafios, a pesquisa e a inovação na tecnologia de alimentos adquirem uma relevância cada vez maior para melhorar a qualidade dos produtos finais, bem como para o desenvolvimento de novos alimentos.

Síntese

A bromatologia tem grande relevância para as ciências farmacêuticas, pois se concentra no estudo dos alimentos e de suas propriedades químicas, físicas e biológicas. Portanto, para os profissionais de farmácia, essa área é fundamental, na medida em que fornece conhecimentos da composição dos alimentos e de sua influência na saúde humana. Nesse sentido, ao compreenderem os princípios da bromatologia, os farmacêuticos podem avaliar a qualidade, a segurança e a eficácia de produtos farmacêuticos que contenham componentes alimentares, como suplementos nutricionais ou medicamentos administrados por via oral. Além disso, a bromatologia contribui para a garantia da qualidade no desenvolvimento de medicamentos, assegurando que os ingredientes alimentares utilizados estejam em conformidade com os padrões estabelecidos.

Para saber mais

O artigo indicado trata da composição bromatológica de cactos, apresentando detalhes sobre os componentes nutricionais dessas plantas não convencionais. A revisão sistemática inclui uma análise sensorial que explora aspectos relacionados à percepção gustativa e sensorial dos cactos como alimentos, além de enfatizar a importância de tais plantas na alimentação. Essa abordagem integrada proporciona uma compreensão aprofundada da utilidade alimentar dos cactos e, com efeito, contribui para promover uma alimentação diversificada e sustentável.

PESSOA, V. G. et al. Composição bromatológica e análise sensorial de cactáceas como plantas alimentícias não convencionais: uma revisão sistêmica. **Research, Society and Development**, v. 11, n. 8, p. 1-11, 2022. Disponível em: <https://rsdjournal.org/index.php/rsd/article/view/31289/26647>. Acesso em: 21 fev. 2024.

Questões para revisão

1. Na análise bromatológica, qual(quais) componente(s) dos alimentos são comumente determinados pelo método Kjeldahl?
   a) A umidade.
   b) As proteínas.
   c) Os lipídios.
   d) Os carboidratos.
   e) As vitaminas.

2. Qual das alternativas a seguir apresenta um exemplo de método de conservação de alimentos que envolve a redução da temperatura para retardar o crescimento de microrganismos?
   a) Enlatamento.
   b) Irradiação.
   c) Desidratação.
   d) Refrigeração.
   e) Cozimento.

3. A concentração no processamento de alimentos consiste em:
   a) um método de resfriamento rápido de alimentos líquidos.
   b) um processo que envolve a remoção de água dos alimentos.
   c) uma técnica de pasteurização de alimentos.
   d) um método de armazenamento a vácuo.
   e) uma técnica de cozimento em alta pressão.

4. Explique a importância da análise bromatológica na garantia da qualidade e da segurança dos alimentos. Por que esse processo é crucial? Em sua reflexão, considere os benefícios específicos e avalie em que medida a análise contribui para a conformidade com as regulamentações de segurança alimentar.

5. Quais são os principais riscos alimentares microbianos e como eles podem ser evitados durante a produção de alimentos? Pense em estratégias específicas e boas práticas que favoreçam a prevenção da contaminação por microrganismos patogênicos, destacando a importância de tais medidas para atestar a segurança alimentar.

Questão para reflexão

1. Imagine que você é um consultor de alimentos contratado por uma empresa de processamento de alimentos que está planejando o lançamento de uma nova linha de produtos. Os gestores estão interessados em garantir a qualidade e a segurança dos produtos finais respeitando as regulamentações de segurança alimentar. Com base no conteúdo discutido neste capítulo, quais etapas você recomendaria para cumprir os requisitos da empresa? Além disso, como a tecnologia de alimentos e a análise bromatológica podem ser aplicadas para atingir os objetivos propostos?

Capítulo 4
Enzimologia e tecnologia de fermentações

Paulo Henrique Gouveia

Conteúdos do capítulo:

- Diretrizes e definições para a enzimologia e a tecnologia de fermentações.
- Características de produtos para a saúde e alimentícios produzidos a partir da enzimologia.
- Processos de controle de qualidade relacionados à enzimologia.

Após o estudo deste capítulo, você será capaz de:

1. explicar a ação das enzimas e suas aplicações;
2. aplicar a tecnologia de fermentações;
3. descrever a ação das enzimas na produção de produtos para a saúde;
4. explicar a ação das enzimas na produção de alimentos;
5. identificar os diferentes tipos de controle de qualidade aplicados à enzimologia.

4.1 Principais conceitos referentes às tecnologias enzimáticas

Neste capítulo, enfocamos as tecnologias que envolvem os processos enzimáticos e fermentativos. O estudo desses processos integra a biotecnologia.

Embora sua prática seja antiga na história da humanidade, o uso do termo *biotecnologia* é relativamente novo e vem despertando o interesse de diversos setores industriais das áreas de saúde, alimentos, química e ambiental.

A biotecnologia é uma ciência multidisciplinar que engloba vários campos do conhecimento, como a biologia molecular, a bioquímica, a química industrial, a biomedicina e diversas engenharias. Ela consiste no conjunto de técnicas que utilizam microrganismos para o desenvolvimento de processos e produtos, com o propósito de dar origens a bens ou prestar serviços.

A produção de bens e serviços exerce um grande impacto econômico, na medida em que alavanca diferentes setores e frentes econômicas de uma nação, como: agricultura, alimentação, mineração, pecuária, saúde, energia, meio ambiente e indústria.

Diretamente vinculada à inovação, a biotecnologia tem sido tema de diversos estudos e investimentos, uma vez que as perspectivas futuras dessa área apontam para resultados cada vez mais promissores.

Ao longo deste capítulo, prestaremos informações-chave a respeito da biotecnologia e discutiremos seus desdobramentos e suas ações na área da saúde e dos alimentos. Ademais, comentaremos os impactos em nosso cotidiano de sua aplicação em alguns setores de destaque.

4.2 Princípios e conceitos da enzimologia

Antes de tratarmos especificamente da biotecnologia, temos de definir o campo da enzimologia, que é a base dessa ciência.

A enzimologia é o ramo científico que estuda as enzimas considerando aspectos como natureza química e atividade biológica, além das reações enzimáticas e outros fatores relacionados à ação e atuação das enzimas.

As enzimas agem como proteínas altamente especializadas que exercem a função de catalisadores biológicos, acelerando, assim, a taxa de reações químicas. Elas são capazes de clivar ou unir moléculas e, com efeito, formar novos compostos, sem sofrer qualquer alteração permanente durante o processo.

Sua formação compreende cadeias de aminoácidos conectadas entre si por ligações peptídicas. As enzimas estão presentes em todos os seres vivos e não vivos, incluindo leveduras, fungos, todo o reino dos eucariontes, as bactérias e os vírus, assim como em estruturas e organelas citoplasmáticas e nucleares.

As enzimas têm a capacidade de atuar em uma variedade de processos biológicos em condições suaves de temperatura e pH, garantindo que sua atividade catalítica não seja prejudicada pelos condicionantes do meio em que estão inseridas.

Na sequência deste capítulo, apresentaremos algumas características particulares das enzimas.

4.2.1 Classificação das enzimas

De acordo com a função que desempenham em um processo enzimático, as enzimas são categorizadas em seis classes distintas, conforme critérios estabelecidos pela International Union of Biochemistry

(IUB) – atualmente, International Union of Biochemistry and Molecular Biology (IUBMB). As classes enzimáticas são: (1) oxidorredutases; (2) transferases; (3) hidrolases; (4) liases; (5) isomerases; e (6) ligases. De forma geral, adicionamos o sufixo –*ase* ao nome do substrato ou à atividade realizada pela enzima. Logo, por exemplo, as enzimas ligases fazem a "ligação", ou seja, a catalisação de reações de formação de novas moléculas a partir de uma ligação já existente.

4.2.2 Estrutura das enzimas

A estrutura química das enzimas está intimamente relacionada a seu poder de atividade catalítica. Expresso de outro modo: a conformação estrutural enzimática influencia diretamente a atividade da enzima, bem como pode ser afetada por alguns aspectos do meio em que esta se encontra.

A estrutura de uma enzima pode ser dividida em quatro partes: primária, secundária, terciária e quaternária. Conforme mencionado anteriormente, as enzimas são compostas de aminoácidos que se conectam entre si por meio de ligações peptídicas. Essas ligações ocorrem entre o grupo α-carboxila de um aminoácido e o grupo amino do aminoácido subsequente, acarretando a formação de uma cadeia de aminoácidos.

A **estrutura primária** enzimática corresponde à quantidade de aminoácidos que compõem a cadeia e à ordem na qual eles se distribuem.

Por sua vez, a **estrutura secundária** pode adotar duas configurações: uma α-hélice, estabilizada por meio de ligações de hidrogênio entre átomos de nitrogênio e oxigênio; e uma folha β-pregueada, decorrente da disposição paralela de dois ou mais segmentos da cadeia peptídica que se unem mediante ligações de hidrogênio.

Já a **estrutura terciária** representa as enzimas em sua conformação tridimensional, na qual os aminoácidos que as compõem estabelecem diversas ligações químicas, tanto polares quanto apolares, incluindo interações hidrofóbicas, ligações de hidrogênio e ligações iônicas. Tais ligações se dão entre aminoácidos próximos uns aos outros, assim como entre aminoácidos localizados em diferentes partes da molécula, resultando na tendência de a enzima adotar uma configuração em dobra, conferindo-lhe uma forma globular característica.

Por fim, a **estrutura quaternária** corresponde à estrutura enzimática final. As forças que mantêm os aminoácidos unidos nessa estrutura são idênticas às mencionadas para a estrutura terciária. A distinção entre elas reside no fato de que a estrutura quaternária diz respeito à união de vários aminoácidos, o que forma um complexo multiproteico de maior dimensão.

Na Figura 4.1, a seguir, observe um esquema que ilustra as quatro estruturas citadas:

Figura 4.1 – Estruturas enzimáticas

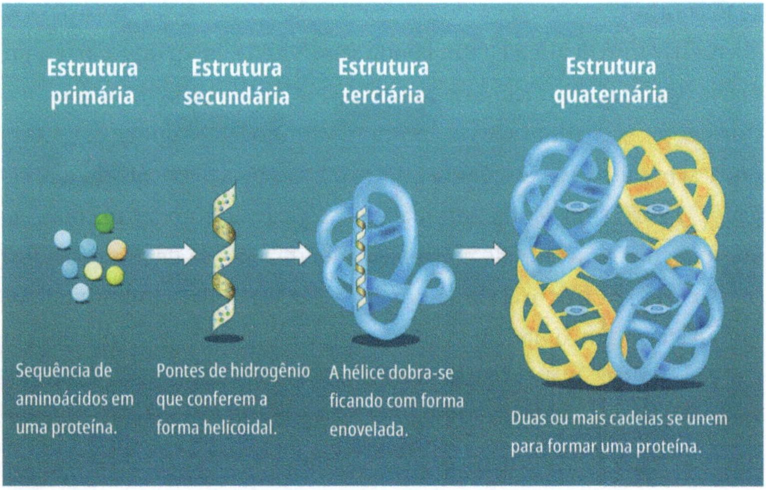

Designua/Shutterstock

Fonte: Nelson; Cox, 2022, p. 90.

4.2.3 Propriedades das enzimas

Além da estrutura química, as enzimas compartilham algumas propriedades inerentes a todo o grupo de moléculas, conforme detalhamos a seguir:

- alto poder catalítico, aumentando em cerca de 10^8 a 10^{11} vezes a velocidade de uma reação química;
- grande nível de especificidade, uma vez que se ligam a determinado substrato específico;
- atuam na regulação de processos;
- não são tóxicas, os custos envolvidos são baixos e são muito seguras e confiáveis para a regulação e atuação em processos reativos;
- apresentam um mecanismo de *turnover*, ou seja, podem ser utilizadas diversas vezes em uma mesma reação química e sem serem consumidas nesse processo;
- ótimas condições de temperatura e pH para seu desempenho e funcionamento adequados.

4.2.4 Condições enzimáticas

As enzimas são influenciadas por uma ampla gama de fatores, tanto internos quanto externos ao organismo. Suas características regulatórias são adaptadas para se alinharem à função específica que desempenharão na operação da célula em que estão presentes. Além disso, seus atributos estruturais são projetados para facilitar sua correta localização e compartimentação.

A temperatura influencia muitas das propriedades funcionais e estruturais essenciais das enzimas. À medida que a humanidade foi evoluindo, as enzimas passaram por significativas modificações em resposta a diferentes condições térmicas, para preservar características enzimáticas cruciais, como a sensibilidade regulatória, o potencial catalítico e a estabilidade estrutural.

Esclarecemos que todas as características e processos enzimáticos descritos até o momento podem ocorrer tanto em um organismo vivo como em um meio externo, desde que se tenha o controle sobre o processo da reação enzimática completa. As reações enzimáticas externas englobam a tecnologia das fermentações, assunto de que trataremos a seguir.

4.3 Princípios e conceitos da tecnologia de fermentações

Nesta seção, analisaremos os motivos pelos quais as enzimas se tornaram tão importantes no ramo das tecnologias industriais, bem como suas aplicações nesse meio.

De forma geral, a ação enzimática atrelada ao ramo de atividades industriais e produtivas pode ser dividida em dois grandes grupos: os processos fermentativos e os processos de obtenção de enzimas, os quais serão abordados a seguir.

4.3.1 Processos fermentativos

Resumidamente, a fermentação consiste na participação de microrganismos na conversão da matéria orgânica, por meio de reações químicas e bioquímicas mediadas por enzimas.

Logo, por meio da ação enzimática, substratos são convertidos em produtos intermediários e finais de grande interesse industrial e para a sociedade humana.

Registros apontam que em, aproximadamente, 5.000 a.C., a fermentação começou a ser usada para se produzir vinhos, queijos e outros derivados do leite. Os egípcios já empregavam a fermentação de cevada para criar uma forma primitiva de cerveja, e por volta de 4.000 a.C., a levedura dessa bebida já era utilizada na panificação (Schmidell et al., 2019).

Atualmente, muitos produtos das indústrias químicas, farmacêuticas e de alimentos são resultantes de processos de fermentação. Tais produtos podem ser resultado do metabolismo primário de organismos cultivados, como o etanol, ou do metabolismo secundário, a exemplo dos antibióticos. Além da produção de biomassa, enzimas e proteínas em geral, os processos fermentativos são essenciais para a evolução tecnológica e o avanço das pesquisas nos setores correlacionados.

Os processos fermentativos podem ser conduzidos por meio de processos descontínuos, descontínuo-alimentados ou contínuos, além de suas variações. Independentemente do método de operação escolhido, o desenvolvimento desses processos para a produção de enzimas por microrganismos abriu caminho para a criação de novos sistemas enzimáticos. No entanto, para viabilizar sua produção em larga escala, é primordial definir o microrganismo a ser utilizado, o meio de cultivo adequado e as condições ideais de agitação e aeração para o processo.

4.3.2 Processos de obtenção de enzimas

Além dos diferentes produtos resultantes dos processos fermentativos, é possível obter algumas enzimas de interesse comercial, uma vez que diversas delas atuam como adjuvantes em produtos de limpeza, bem como em itens de higiene pessoal, cosméticos e alimentos, por exemplo.

Em geral, os processos fermentativos podem ser subdivididos em três fases distintas: a pré-fermentação, a fermentação e a pós-fermentação.

- **Pré-fermentação**: engloba as operações *upstream*, destinadas a preparar a matéria-prima nas condições adequadas antes de sua introdução no reator. A seleção do microrganismo a ser usado na fermentação é inteiramente dependente do tipo de processo que se pretende realizar. Logo, é possível empregar fungos, leveduras e bactérias, seja de forma isolada ou ancorados em um suporte sólido. Na etapa subsequente, após a escolha do organismo, este é cultivado em fermentadores apropriados, para se produzir uma quantidade suficiente e adequada do biocatalisador, ou seja, da enzima. Nesse estágio, é de extrema importância tomar as devidas precauções para otimizar o meio de cultivo, promovendo ajustes em fatores como pH, temperatura, agitação e condições de aeração. Um exemplo disso são os microrganismos aeróbios e anaeróbios, cuja curva de crescimento é alterada em virtude da presença ou não de oxigênio, além de alterarem o pH do meio, aumentando ou diminuindo a eficácia de produção.

- **Fermentação**: trata-se de um bioprocesso cuja classificação depende de ser realizado em um substrato sólido ou submerso:
  - Bioprocesso de substrato sólido: ocorre em um meio isento de água, porém com umidade suficiente para que o metabolismo do microrganismo funcione. Enzimas como amilases, proteases, xilanases, celulases e pectinases podem ser produzidas por esse tipo de fermentação, utilizando-se, por exemplo, de substratos como milho, soja, arroz, trigo e cana-de-açúcar.
  - Bioprocesso submerso: envolve a incorporação do microrganismo em um meio líquido, o qual é enriquecido com nutrientes, para facilitar sua utilização. A fermentação se desenvolve dentro de um recipiente hermeticamente fechado, conhecido como biorreator. Esse ambiente possibilita o controle de variáveis cruciais, como a agitação, a disponibilidade de oxigênio, a manutenção do pH ideal e o controle da temperatura, visando à otimização do processo fermentativo. Enzimas como amilases, celulases e proteases são produzidas nesse tipo de bioprocesso.
- **Pós-fermentação**: consiste em operações *downstream*, incluindo a separação e a purificação dos produtos e subprodutos obtidos, bem como o tratamento dos resíduos gerados.

- Separação: a separação das enzimas depende de sua produção ter ocorrido de forma intra ou extracelular. Caso sejam enzimas intracelulares, será necessária a lise celular por meio de homogeneização em alta pressão ou moagem úmida, para que as enzimas sejam liberadas para o meio. Em seguida, iniciam-se os processos de isolamento das enzimas, isto é, sua coleta isolada do meio, obtendo-se, assim, o produto. Nessa etapa, alguns processos de extração empregados são a filtração, a decantação seguida de centrifugação, a floculação e a extração.
- Purificação: trata-se da última etapa, na qual as enzimas extraídas anteriormente são purificadas. Esse é um dos processos mais críticos e custosos de todo o sistema de obtenção. Exemplos de processos de purificação são a cristalização, a eletroforese e a cromatografia.

4.3.3 Produtos fermentativos obtidos

Independentemente de serem ou não enzimas, os produtos obtidos por meio dos processos fermentativos têm enorme importância comercial e industrial. Eles são utilizados em indústrias alimentícias, têxteis, químicas, cosméticas e farmacêuticas. A esse respeito, apresentaremos, a seguir, destaques em algumas dessas áreas.

4.4 Produtos para a saúde derivados da enzimologia

A indústria farmacêutica é uma das grandes beneficiadas e investidoras dos processos fermentativos. Isso porque alguns produtos decorrentes de tais processos são usados no tratamento de diversas doenças, além de auxiliarem na proteção da saúde.

Na sequência deste capítulo, trataremos, especificamente, da tecnologia que envolve as produções de biofármacos e de imunobiológicos.

4.4.1 Biofármacos

Os biofármacos, também conhecidos como *medicamentos biológicos*, são fabricados por intermédio da tecnologia de processos fermentativos. Referem-se a produtos farmacêuticos de natureza biológica, elaborados com base em ácidos nucleicos (DNA e RNA) e/ou proteínas (incluindo anticorpos), e somente podem ser produzidos por sistemas biológicos em funcionamento. Tais moléculas são de grande complexidade para serem caracterizadas e reproduzidas a partir de sistemas que não envolvam o uso de microrganismos.

As moléculas de um biofármaco apresentam uma estrutura química espacial muito mais complexa, diversa e de maior densidade do que as moléculas simples que compõem os medicamentos tradicionais. Elas podem advir de substâncias ativas de natureza biológica (extraídas de órgãos e tecidos vegetais ou animais, bem como de microrganismos e células animais, incluindo as humanas) ou, ainda, de natureza biotecnológica (proteínas sintetizadas por células geneticamente modificadas).

Os biofármacos têm demonstrado notável eficácia no tratamento de doenças crônicas decorrentes da ausência, diminuição ou disfunção de uma molécula específica – geralmente, uma proteína.

Atualmente, para o tratamento de diversas doenças, os biofármacos são classificados como de 1ª, 2ª e 3ª gerações. A esse respeito, observe o Quadro 4.1, no qual citamos alguns importantes biofármacos utilizados com fins terapêuticos.

Quadro 4.1 – Biofármacos produzidos a partir de processos fermentativos

	Produto	Sistema de produção	Indicação terapêutica
Fatores de coagulação	Fator VIII	Culturas de células de mamíferos	Hemofilia A
	Fator IX	Culturas de células de mamíferos	Hemofilia B
	Fator VIIa	Culturas de células de mamíferos	Algumas formas de hemofilia
Anticoagulantes	Fator ativador de plasminogênio	Culturas de células de mamíferos ou de *Escherichia coli*	Infarto do miocárdio
	Hirudina	Levedura	Trombocitopenia e prevenção de tromboses
Hormônios	Insulina	Levedura ou *Escherichia coli*	Diabetes *mellitus*
	Hormônio do crescimento	*Escherichia coli*	Deficiência do hormônio em crianças, acromegalia, síndrome de Turner
	Gonadotrofina coriônica	Culturas de células de mamíferos	Reprodução assistida
	Paratormônio	*Escherichia coli*	Osteoporose
Fatores hematopoiéticos	Eritropoietina	Culturas de células de mamíferos	Anemia
	Fator estimulante de colônia	*Escherichia coli*	Neutropenia e transplante autólogo de medula
Interferons	Alfainterferona	*Escherichia coli*	Hepatite B e C
	Betainterferona	Culturas de células de mamíferos	Esclerose múltipla
Interleucinas	Interleucina 2	*Escherichia coli*	Carcinoma de células renais
Anticorpos monoclonais	Bevacizumabe	Culturas de células de mamíferos	Carcinoma metastático do cólon ou do reto

Fonte: Sagrillo; Dias; Tolentino, 2015, p. 65.

Em razão da complexidade e da sensibilidade dos biofármacos, o processo de fabricação deve ser concebido, modelado e aperfeiçoado de maneira integral, abrangendo todas as fases de produção. Isso porque qualquer modificação pode afetar a eficácia do medicamento e, potencialmente, ocasionar efeitos adversos para o paciente, já que esses produtos são sintetizados por organismos vivos.

4.4.2 Imunobiológicos

Os medicamentos imunobiológicos abrangem vacinas ou anticorpos, obtidos por meio de processos fermentativos e laboratorialmente modificados, que agem diretamente sobre determinadas moléculas endógenas. Também podem ser enquadrados nessa categoria os *kits* de diagnósticos laboratoriais para determinadas patologias.

Tais medicamentos têm alvos moleculares específicos, como citocinas pró-inflamatórias ou receptores de membrana celular, e atuam modulando a resposta imunomediada.

Especificamente para as *vacinas*, os processos fermentativos contribuem para a produção dos antígenos, que ativam e modulam o sistema imunológico no combate aos patógenos. Após o processo fermentativo, é necessário promover uma filtração tangencial seguida de uma molecular, a fim de obter antígenos seguros e viáveis para a produção de vacinas.

Por sua vez, os **kits de diagnósticos laboratoriais** utilizam a ligação anticorpo-antígeno para fazer o diagnóstico de determinada patologia. Os principais tipos de imunoensaios são o Método Elisa (*enzyme-linked immunosorbent assay*) e o método por imunofluorescência, nos quais também ocorre a produção de antígenos ou anticorpos nos quais se baseiam as metodologias de teste, também obtidos dos processos fermentativos.

4.5 Produtos alimentícios derivados da enzimologia

Além da indústria farmacêutica, outra grande beneficiária do universo da enzimologia e da tecnologia das fermentações é a indústria alimentícia.

A maioria das enzimas pertence à classe das hidrolases, englobando amilases, proteases e pectinases, ao passo que a glicose-isomerase representa a classe das isomerases.

Na indústria alimentícia, os microrganismos são utilizados na produção de bebidas alcóolicas destiladas e fermentadas, bem como de produtos lácteos, vinagres, azeitonas, picles e outras conservas.

Há vários exemplos da aplicação desses microrganismos na indústria de alimentos, como as bactérias dos gêneros *Lactobacillus*, *Streptococcus*, *Leuconostoc* e *Pediococcus*, usadas na produção de leite fermentado e seus derivados, além de vegetais fermentados, como azeitonas e picles. Contudo, tais bactérias podem causar a deterioração de carnes, ovos e bebidas, incluindo o próprio leite, razão pela qual é necessário realizar o controle do crescimento microbiano nesses produtos.

Outro exemplo é a utilização de bactérias do gênero *Acetobacter* para o desenvolvimento do ácido acético a partir do etanol, além da produção de vinagre.

Por sua vez, os gêneros *Mucor* e *Penicillium* são compostos de diferentes espécies fúngicas, empregadas na produção de queijos e de algumas bebidas orientais, como o saquê.

Entretanto, provavelmente, o principal exemplo do uso de microrganismos na indústria de alimentos é o grupo das leveduras, fungos microscópicos amplamente aplicados em processos fermentativos para a produção de pães, álcool e bebidas alcoólicas. Alguns dos gêneros mais recorrentes são: *Pichia*, *Zygosaccharomyces*, *Rhodotorula*, *Torulaspora*, *Trichosporon* e *Saccharomyces*, sendo este último o mais prevalente.

Todos os exemplos anteriormente mencionados envolvem a utilização de microrganismos e enzimas que alteram a matéria-prima para a fabricação de produtos alimentícios específicos por meio da fermentação. Nesse processo, fungos e bactérias obtêm energia para seu crescimento e, simultaneamente, dão origem a substâncias benéficas para a produção de alimentos.

A fermentação corresponde à oxidação parcial de compostos e pode ser conduzida por microrganismos facultativos, mesmo na ausência de oxigênio, ou por microrganismos anaeróbicos.

A fermentação e a desnaturação de proteínas são exemplos de transformações bioquímicas que acontecem nos alimentos. Todas essas reações químicas resultam na formação de novos produtos e se manifestam por meio da liberação de gases, assim como da alteração de cor, odor e sabor. Entretanto, tais modificações nas propriedades sensoriais não se restringem ao processamento dos alimentos, uma vez que também são observadas ao longo do processo de degradação promovido por microrganismos.

Diferentes tipos de processos fermentativos podem ser conduzidos na indústria alimentícia, a depender diretamente do microrganismo, da substância metabolizada por ele e, por consequência, do produto formado.

4.6 Controle de qualidade relacionado à enzimologia

O ramo industrial e produtivo engloba processos em diferentes escalas de tamanho e complexidade, a partir dos quais são desenvolvidos bens para uso geral da população.

Nesse sentido, as boas práticas de fabricação (BPF) abrangem um conjunto de diretrizes regulamentares estabelecidas por órgãos de saúde pública, cujo objetivo é assegurar a qualidade, a segurança, a eficácia e a consistência dos produtos. Tais práticas se aplicam a todas as fases do processo de fabricação, envolvendo, inclusive, produtos de origem biotecnológica, e a avaliação da qualidade deve ser conduzida em cada estágio da produção.

O controle de qualidade dos produtos obtidos por meio da enzimologia e da tecnologia fermentativa, como alimentos, medicamentos e produtos biotecnológicos, perpassa pelas BPF e por outras regulações específicas para cada categoria.

A seguir, comentaremos algumas particularidades de cada categoria da biotecnologia.

4.6.1 Medicamentos

A produção de medicamentos no Brasil segue o disposto na Resolução RDC n. 17, de 16 de abril de 2010, emitida pelo Ministério da Saúde, a qual aborda as BPF de medicamentos. Além disso, esse texto legal inclui um título explicitamente dedicado aos produtos biológicos, sendo estes derivados da biotecnologia.

Não intencionamos analisar e interpretar toda a legislação referente à produção de medicamentos. No entanto, é necessário destacar alguns pontos:

- a empresa deve contar com profissionais qualificados e em quantidade suficiente para o desempenho das funções necessárias;
- a organização deve oferecer treinamento inicial e contínuo aos funcionários, a fim de que eles tomem conhecimento de todas as normas das BPF;
- os processos de fabricação precisam ser bem definidos e revisados sistematicamente;
- processos de qualificação e validação têm de ser realizados periodicamente, o que equivale a dizer que os medicamentos devem ser fabricados em conformidade com os padrões de qualidade exigidos;

- as instalações devem ser adequadas e identificadas;
- equipamentos, sistemas computadorizados e serviços têm que ser adequados e passar por processos de manutenção periódica;
- materiais, recipientes e rótulos devem ser apropriados para uso, e os procedimentos e as instruções precisam ser aprovados;
- o armazenamento e o transporte devem ser adequados e mantidos em registros de produção;
- as regras e os fluxos precisam ser bem estabelecidos com relação à higiene pessoal dos funcionários e dos locais direta ou indiretamente envolvidos na cadeia produtiva (Anvisa, 2010b).

Em certas situações, como nas preparações estéreis e nos imunobiológicos, mencionados anteriormente, é essencial implementar as chamadas *áreas limpas*, espaços que demandam um rigoroso controle das concentrações de partículas presentes no ar. Para obter esse controle, é preciso instalar e manter adequadamente o sistema de suprimento e distribuição do ar, bem como realizar a filtragem adequada, empregar materiais de construção apropriados e seguir procedimentos operacionais específicos, entre outras determinações da Resolução n. 17 (Anvisa, 2010b).

4.6.2 Alimentos

Visando à segurança alimentar dos consumidores finais, a indústria de alimentos se baseia em outras regulamentações além das BPF, das quais destacamos a Resolução RDC n. 275, de 21 de outubro de 2002, a qual estabelece o regulamento de Procedimentos Operacionais Padronizados (POPs) e uma lista de verificação de BPF, ambos aplicados aos estabelecimentos produtores/industrializadores de alimentos (Anvisa, 2002).

De acordo com o texto da resolução citada, o programa de BPF de produtos alimentícios deve englobar necessariamente os seguintes aspectos:

- higienização de instalações e equipamentos, edificações, instalações, equipamentos, móveis e utensílios;
- potabilidade da água;
- manejo dos resíduos;
- controle integrado de vetores e pragas urbanas;
- controle de higiene e saúde dos manipuladores;
- matérias-primas, ingredientes e embalagens (seleção, recepção e armazenamento);
- produção/fabricação/processo;
- distribuição, armazenamento e transporte do alimento pronto.

Síntese

Neste capítulo, demonstramos que o campo da enzimologia, por meio da tecnologia das fermentações, é de extrema importância não só no ramo industrial, mas também na saúde de forma geral. Nessa ótica, o entendimento dos conceitos, das aplicações práticas e das técnicas relacionadas a esse campo proporciona que os produtos utilizados nas áreas da saúde e da alimentação tenham sua qualidade atestada.

Ademais, identificamos os processos envolvidos no controle da qualidade de produtos obtidos mediante processos fermentativos, o que se faz primordial para asseverar a segurança e eficácia dos produtos para uso e consumo humano.

Para saber mais

No filme indicado, Bruno e Jean fazem uma turnê por uma das mais ricas regiões de produção vinícola de todo o mundo, na França. É possível observar o esquema de produção desse destilado, que envolve o cultivo da matéria-prima, o processo fermentativo e fabril e o envelhecimento da bebida, até sua comercialização. Além disso, o espectador pode perceber que fatores como clima, solo e temperatura, entre outros, afetam a produção, o rendimento e a qualidade do produto final.

SAINT AMOUR – Na rota do vinho. Direção: Benoît Delépine e Gustave Kervern. França: Imovision, 2017. 102 min.

Questões para revisão

1. Avalie as assertivas a seguir, relativas às enzimas, e marque com V as verdadeiras e com F as falsas:
   ( ) São proteínas com função catalisadora.
   ( ) Cada uma delas pode atuar quimicamente em diferentes substratos.
   ( ) Permanecem quimicamente intactas após a reação.
   ( ) Não se alteram com as modificações da temperatura e do pH do meio.

   A seguir, indique a alternativa que apresenta a sequência correta:

   a) F, F, V, V.
   b) F, V, F, F.
   c) V, F, V, F.
   d) V, V, F, F.
   e) F, V, V, V.

2. Leia o trecho:

   As enzimas são formadas por cadeias de _____ conectadas entre si por _____. Elas estão presentes em todos os seres _____ e não vivos, incluindo leveduras, fungos, todo o reino dos eucariontes, bactérias e vírus, bem como em estruturas e organelas _____ e nucleares.

Os termos que preenchem corretamente as lacunas são, respectivamente:

a) proteínas; ligações peptídicas; vivos; citoplasmáticas.
b) aminoácidos; ligações peptídicas; vivos; citoplasmáticas.
c) aminoácidos; ligações peptídicas; celulares; citoplasmáticas.
d) proteínas; ligações aminoácidas; celulares; celulares.
e) aminoácidos; ligações peptídicas; citoplasmáticas; citoplasmáticas.

3. Avalie as assertivas a seguir e marque com V as verdadeiras e com F as falsas:

   ( ) As leveduras são fungos microscópicos amplamente empregados em processos fermentativos para a produção de pães, álcool e bebidas alcoólicas.

   ( ) Os biofármacos são produtos farmacêuticos de natureza biológica, elaborados a partir de ácidos nucleicos (DNA e RNA) e/ou outras moléculas como os lipídios.

   ( ) Especificamente para as vacinas, os processos fermentativos contribuem para a produção dos antígenos, componente responsável pela ativação e modulação do sistema imunológico no combate aos patógenos.

   ( ) A terceira fase do processo de obtenção de enzimas é a pós-fermentação, que consiste em operações *upstream*, incluindo a separação e a purificação dos produtos e subprodutos obtidos, bem como o tratamento dos resíduos gerados.

   A seguir, assinale a alternativa que apresenta a sequência correta:

   a) F, V, V, V.
   b) F, V, F, F.
   c) V, F, V, F.
   d) V, V, F, F.
   e) F, F, F, F.

4. Leia o trecho que segue:

> Conjunto de diretrizes regulamentares estabelecidas por órgãos de saúde pública, cujo objetivo é assegurar a qualidade, a segurança, a eficácia e a consistência dos produtos e bens de consumo como alimentos, medicamentos e produtos biotecnológicos.

A passagem anterior se refere a um conjunto de normas de extrema importância no contexto industrial, inclusive nos processos fermentativos. Que conjunto normativo é esse?

5. A respeito das obrigações inerentes às empresas, cite ao menos três práticas que devem obrigatoriamente ser seguidas.

Questões para reflexão

1. As enzimas são constituídas por estruturas peptídicas que catalisam reações bioquímicas intra e extracelulares. Nesse contexto, alguns fatores como a temperatura e pH podem influenciar a atividade da enzima? Se sim, por que isso ocorre?

2. É vantajoso utilizar enzimas em transformações bioquímicas e nas indústrias de alimentos e produtos para a saúde?

3. Descreva o processo geral de obtenção de enzimas incluindo todas as suas etapas principais, desde o início até a obtenção do produto purificado e isolado.

Capítulo 5
Controle e garantia da qualidade em farmácia

Vinícius Bednarczuk de Oliveira

Conteúdos do capítulo:

- Controle de qualidade na indústria farmacêutica.
- Garantia de qualidade na indústria farmacêutica.
- Desafios atuais na garantia da qualidade.
- Tendências futuras na garantia da qualidade.

Após o estudo deste capítulo, você será capaz de:

1. indicar os princípios e as práticas do controle de qualidade na indústria farmacêutica;
2. identificar a importância da garantia de qualidade na produção de medicamentos seguros e eficazes;
3. avaliar os desafios atuais que afetam a qualidade na indústria farmacêutica;
4. reconhecer as tendências futuras que moldarão a garantia da qualidade na área farmacêutica;
5. aplicar conhecimentos práticos por meio de estudos de casos, incluindo auditorias e ações corretivas.

5.1 Definições e conceitos fundamentais

A qualidade é primordial na indústria farmacêutica, já que cada decisão ou processo impacta diretamente a saúde e a segurança dos pacientes. Sob essa ótica, para atestar que os medicamentos e produtos farmacêuticos atendam aos mais altos padrões de qualidade, é essencial implementar rigorosos sistemas de controle da garantia da qualidade. Por essa razão, a seguir, exploraremos os conceitos fundamentais que sustentam os processos de qualidade e sua importância no contexto farmacêutico.

Entende-se por **controle de qualidade** o conjunto de ações e processos que visam assegurar a conformidade de um produto farmacêutico com as especificações estabelecidas. Desse modo, ele envolve a avaliação e o monitoramento contínuo de matérias-primas, processos de produção e produtos finais, na intenção de certificar que respeitem os padrões de pureza, potência e segurança. Ainda, objetiva identificar desvios e não conformidades durante todo o ciclo de produção, o que contribui para que sejam feitas correções oportunas.

Por outro lado, o conceito de **garantia de qualidade** se refere a uma abordagem mais ampla que engloba todo o sistema de gestão da qualidade na indústria farmacêutica. Isso significa que abrange a implementação de políticas, procedimentos e práticas que assegurem que os produtos sejam fabricados, testados e distribuídos de acordo com as diretrizes estabelecidas pela regulamentação. Nessa perspectiva, a garantia de qualidade visa prevenir a ocorrência de problemas. Para tanto, devem ser promovidos sistemas eficazes de gestão, treinamentos adequados para os funcionários e auditorias regulares para garantir a conformidade com as boas práticas de fabricação (BPF) e outras regulamentações.

A principal diferença entre os dois conceitos pode ser mais facilmente percebida no momento em que as ações são tomadas: o controle de qualidade diz respeito à detecção e à correção de problemas após sua ocorrência, ao passo que a garantia de qualidade se concentra em prevenir tais situações por meio de sistemas robustos de gestão. Para todos os efeitos, as duas noções são de extrema relevância para a produção de medicamentos seguros e eficazes. Nesse sentido, uma abordagem equilibrada e que as combine é crucial para atender às expectativas regulatórias e às necessidades dos pacientes.

5.2 Controle da qualidade: matérias-primas e insumos farmacêuticos

No âmbito da indústria farmacêutica, o controle de qualidade é um processo crítico para assegurar que os produtos finais sejam seguros, eficazes e obedeçam aos mais altos padrões de qualidade.

Esse processo tem início com a seleção e a avaliação rigorosa das matérias-primas e dos insumos farmacêuticos, que são os componentes fundamentais dos medicamentos ou produtos farmacêuticos. Por essa razão, a avaliação e a qualificação criteriosas desses ingredientes são cruciais no controle de qualidade da indústria farmacêutica.

5.2.1 Avaliação e qualificação de matérias-primas

Antes de qualquer matéria-prima ser incorporada a uma formulação farmacêutica, ela deve passar por um minucioso processo de avaliação e qualificação, a fim de se confirmar sua adequação para uso em produtos farmacêuticos. O processo em questão engloba a análise detalhada dos seguintes aspectos:

- **Identificação**: para a avaliação de uma matéria-prima, o primeiro passo é confirmar sua identidade. Isso é fundamental, uma vez que os produtos químicos utilizados na indústria farmacêutica podem variar em termos de fonte e origem. Para determinar se uma matéria-prima é, de fato, o que se espera que seja, são empregados métodos analíticos que abrangem a realização de testes físicos, químicos e espectroscópicos, a fim de comparar as características do insumo em questão aos padrões conhecidos.

- **Potência**: é uma medida crítica que garante que a quantidade ativa da matéria-prima seja consistente com a quantidade declarada, o que se faz particularmente relevante em medicamentos cuja dose terapêutica é específica. Ensaios são promovidos para estabelecer a concentração do componente ativo na matéria-prima.
- **Pureza**: é preciso atestar que a matéria-prima não contém impurezas indesejadas que, com efeito, possam afetar a qualidade e a segurança do produto farmacêutico. A análise da pureza engloba a realização de testes para identificar e quantificar impurezas, como contaminantes, resíduos de solventes e produtos de degradação.
- **Integridade**: alterações de cor, textura, odor ou de outras características físicas podem indicar problemas de degradação ou contaminação. Qualquer sinal de degradação deve ser investigado em profundidade.

5.2.2 Necessidade de especificações e testes

As especificações são critérios para estabelecer os requisitos para que as matérias-primas sejam aceitas na produção farmacêutica. Elas são desenvolvidas com base em considerações científicas, regulatórias e de segurança e podem variar a depender da natureza da matéria-prima e do tipo de produto a ser fabricado.

Por sua vez, os testes se referem a procedimentos laboratoriais realizados com o intuito de verificar se as matérias-primas atendem às especificações estabelecidas. Tais testes podem englobar uma ampla gama de ensaios físicos, químicos e microbiológicos, todos projetados para garantir que os insumos respeitem os padrões de qualidade exigidos.

A necessidade de estabelecer especificações e promover testes é crucial especialmente pelas seguintes razões:

- **Garantia de qualidade**: assegurar que as matérias-primas atendam aos padrões de qualidade necessários para o desenvolvimento de produtos farmacêuticos seguros e eficazes.
- **Segurança do paciente**: garantir que as matérias-primas estejam isentas de impurezas ou substâncias prejudiciais que possam afetar a segurança dos pacientes.
- **Consistência**: o respeito às rigorosas especificações e a realização regular de testes possibilita que a qualidade das matérias-primas seja consistente ao longo do tempo, contribuindo para a uniformidade dos produtos farmacêuticos.
- **Conformidade regulatória**: a conformidade com especificações e testes é mandatória para cumprir os requisitos regulatórios impostos por agências como a a estadunidense Food and Drug Administration (FDA), a brasileira Agência Nacional de Vigilância Sanitária (Anvisa) e a europeia European Medicines Agency (EMA). Por seu turno, a não conformidade pode acarretar sérias consequências para a empresa farmacêutica, incluindo a suspensão da produção e o recolhimento de produtos.

A avaliação minuciosa das matérias-primas e a implementação de especificações e testes apropriados são condições básicas para atestar os elevados padrões de qualidade e segurança dos produtos farmacêuticos. A indústria farmacêutica muito se beneficia dessas práticas, considerando que a confiabilidade dos medicamentos depende diretamente da qualidade das matérias-primas utilizadas em sua fabricação.

5.3 Processo de produção: etapas e importância do monitoramento

Na indústria farmacêutica, o processo de produção de medicamentos é altamente sofisticado e estruturado que requer uma abordagem meticulosa em todas as suas fases. Por essa razão, é fundamental compreender suas etapas específicas e entender a importância do monitoramento e controle em cada uma delas, a fim de atestar a qualidade, a segurança e a eficácia dos medicamentos que chegam aos pacientes.

5.3.1 Etapas do processo de produção de medicamentos

As etapas do processo de produção de medicamentos são, na ordem, as seguintes:

I. **Formulação**: nesta fase, a composição do medicamento é desenvolvida. Os cientistas farmacêuticos selecionam cuidadosamente os ingredientes ativos, os excipientes (substâncias inativas) e outros componentes necessários. A intenção é criar uma formulação que assegure a eficácia e segurança do medicamento, além da capacidade de ser administrado de forma conveniente.

II. **Pesagem e mistura**: após a formulação, os ingredientes são pesados com precisão e misturados para garantir uma distribuição uniforme. Qualquer variação nas quantidades de ingredientes ou na qualidade da mistura pode acarretar diferenças substanciais na qualidade dos produtos finais. Portanto, nesta etapa, o monitoramento é crucial para evitar variações indesejadas.

III. **Granulação e compressão** (se aplicável): em muitos casos, os medicamentos são produzidos na forma de comprimidos ou cápsulas. A granulação engloba a aglomeração das partículas em pó para criar grânulos. A compressão subsequente converte esses grânulos em formas farmacêuticas sólidas. Nessa perspectiva, falhas nesses processos podem ocasionar problemas na dissolução ou na liberação dos ingredientes ativos no corpo do paciente.

iv. **Processamento e mistura final**: em formulações complexas que envolvem múltiplos componentes, esta última etapa de processamento e mistura se faz essencial, a fim de assegurar que todos os componentes estejam distribuídos de modo homogêneo no medicamento final. Logo, intercorrências nessa etapa podem resultar em falta de consistência entre os lotes de produtos farmacêuticos.

v. **Liberação do produto final**: após a produção, os medicamentos são submetidos a rigorosos testes de qualidade, para garantir que obedeçam às especificações estabelecidas. Tais testes incluem a avaliação da potência, da pureza, entre outros critérios.

5.3.2 Importância do monitoramento e controle em cada fase

O monitoramento e o controle estritos em cada fase do processo de produção são incontornáveis por várias razões, conforme detalhamos a seguir:

- **Consistência**: ao monitorar e controlar todas as etapas, mantém-se a uniformidade dos produtos farmacêuticos, garantindo que cada lote atenda aos padrões de qualidade desejados.
- **Evitar contaminação**: o controle é necessário para evitar a contaminação cruzada de ingredientes e produtos, o que poderia oferecer sérios riscos à saúde das pessoas.
- **Conformidade regulatória**: agências regulatórias, como a FDA, a Anvisa e a EMA, exigem que os fabricantes sigam rigorosos procedimentos de controle de qualidade para cumprir as BPF e outros padrões regulatórios.

- **Segurança do paciente:** atestar a qualidade dos medicamentos é essencial para proteger a segurança e a saúde dos pacientes. Contaminações ou variações na qualidade podem acarretar graves consequências, incluindo riscos à saúde.
- **Eficiência e economia:** o monitoramento eficaz contribui para identificar problemas durante o processo de produção, assim como para economizar tempo e recursos, na medida em que se torna possível evitar a produção de lotes defeituosos.

A qualidade dos medicamentos está intrinsecamente vinculada ao rigoroso controle e à vigilância em todas as fases da produção. Portanto, o controle de qualidade é um dos aspectos de maior relevância na fabricação de medicamentos de alta qualidade. Isso porque sua prática assegura que cada etapa do processo seja executada respeitando-se os padrões exigidos.

5.4 Testes de laboratório: pureza e potência dos produtos farmacêuticos

Uma etapa de suma relevância do controle de qualidade na indústria farmacêutica é a realização de testes de laboratório abrangentes e específicos, para atestar que os produtos atendam aos rigorosos padrões de pureza, potência e qualidade. Entre os muitos testes disponíveis, a cromatografia e a espectroscopia são duas técnicas de análise muito utilizadas para avaliar os produtos farmacêuticos.

Sendo assim, neste subcapítulo, explicaremos em que esses testes consistem e como contribuem para garantir a pureza e a potência dos medicamentos.

5.4.1 Cromatografia: separando e identificando componentes

Uma das mais versáteis técnicas para a análise de produtos farmacêuticos, a cromatografia possibilita separar, identificar e quantificar os componentes de uma amostra de maneira altamente seletiva e sensível.

Existem vários tipos de cromatografia, mas todos seguem um princípio: a separação dos componentes de uma mistura conforme suas interações com uma fase estacionária e uma fase móvel. Acompanhe, a seguir, uma breve explicação acerca de algumas técnicas de cromatografia mais utilizadas:

- **Cromatografia Líquida de Alta Eficiência (HPLC)**: nesta técnica, a fase estacionária corresponde a uma coluna com partículas microporosas, e a fase móvel é um solvente líquido. A HPLC é frequentemente usada para a análise de ingredientes ativos em medicamentos. Por ser altamente sensível, é capaz de detectar impurezas em níveis muito baixos.
- **Cromatografia Gasosa (GC)**: a GC utiliza uma fase estacionária sólida e uma fase móvel gasosa. É adequada especialmente para a análise de compostos voláteis e frequentemente aplicada em testes de pureza e detecção de resíduos de solventes.
- **Cromatografia em Camada Fina (TLC)**: a TLC é uma técnica simples, rápida e econômica comumente usada para análise preliminar. Envolve a aplicação de uma amostra em uma placa revestida com uma fina camada de fase estacionária e, em seguida, a eluição dos componentes com uma fase móvel líquida.

A separação dos componentes de uma amostra é necessária para a identificação de impurezas e a quantificação da substância ativa. Além dos usos recém-citados, a cromatografia é muito aplicada para determinar a estabilidade de produtos farmacêuticos ao longo do tempo, a fim de garantir que os medicamentos mantenham sua qualidade durante o prazo de validade.

5.4.2 Espectroscopia: analisando a estrutura molecular

A espectroscopia é outra ferramenta essencial no controle de qualidade farmacêutica. Ela se baseia no fato de que diferentes moléculas interagem com a radiação eletromagnética de maneira única, resultando em espectros característicos que podem ser utilizados para identificar compostos e analisar sua estrutura molecular. As duas principais técnicas de espectroscopia são:

- **Espectroscopia no Infravermelho (IR)**: é usada para identificar grupos funcionais e ligações químicas nas moléculas. É muito valiosa para o reconhecimento de impurezas e a verificação da estrutura molecular de compostos.
- **Espectroscopia de Ressonância Magnética Nuclear (RMN)**: técnica não destrutiva que fornece informações detalhadas a respeito da estrutura molecular de compostos. É especialmente útil para determinar a estrutura tridimensional de moléculas complexas.

As duas técnicas propiciam a identificação de impurezas e variações na estrutura molecular dos produtos farmacêuticos, garantindo a pureza e a qualidade dos medicamentos. Elas também são essenciais na pesquisa e no desenvolvimento de novos produtos, assim como para assegurar o atendimento às especificações regulatórias em todas as etapas do processo de fabricação.

5.5 Validação de processos: qualidade na indústria farmacêutica

A validação de processos é uma etapa crítica no controle de qualidade da indústria farmacêutica. Trata-se de uma técnica que engloba a confirmação sistemática de que determinado processo de fabricação é consistentemente capaz de dar origem a produtos farmacêuticos que atendem às especificações predefinidas.

Diante do exposto, na sequência, exploraremos o processo de validação e sua relevância, e forneceremos alguns exemplos práticos a fim de ilustrar sua implementação na indústria farmacêutica.

5.5.1 Processo de validação

A validação de processos na indústria farmacêutica segue uma abordagem sistemática e, geralmente, é dividida em três fases principais:

I. **Planejamento**: nesta fase, um plano de validação é desenvolvido a fim de identificar os objetivos da validação, os parâmetros críticos do processo, os métodos de teste mais apropriados e o cronograma de execução. Isso abrange a definição detalhada dos protocolos de validação que orientarão a execução.

II. **Execução**: durante esta fase, o processo é monitorado e avaliado de acordo com os protocolos de validação, o que pode envolver a produção, para testagem, de lotes cujos produtos se assemelhem à versão final, além do acompanhamento dos parâmetros críticos do processo e da realização de testes de laboratório.

III. **Relatório e análise**: após a execução, os dados são compilados e analisados a fm de se verificar se o processo é capaz de desenvolver produtos que obedeçam às especificações de qualidade. Então, um relatório de validação é preparado, destacando os resultados e quaisquer ações corretivas ou melhorias necessárias.

5.5.2 Relevância na garantia da qualidade

A validação de processos é de extrema relevância para a garantia da qualidade na indústria farmacêutica, pelos seguintes motivos:

- **Consistência**: assegurar que o processo de fabricação esteja apto a desenvolver produtos farmacêuticos consistentes em termos de qualidade e desempenho.
- **Redução de riscos**: identificar potenciais desvios e problemas no processo, possibilitando a implementação de medidas corretivas antes que os produtos cheguem aos pacientes.
- **Conformidade regulatória**: é requisito regulatório que as empresas farmacêuticas validem seus processos de fabricação para garantir que eles atendam às BPF e a outros regulamentos aplicáveis.
- **Economia de recursos**: evitar a produção de lotes defeituosos, economizando tempo e recursos.

Apresentamos, na sequência, alguns exemplos de validação de processos.

Exemplo I: estabilidade de prateleira

Uma empresa farmacêutica que fabrica medicamentos de longa duração pode promover estudos de estabilidade para atestar que seus produtos mantêm a qualidade e a potência ao longo do tempo. Essa validação envolve o armazenamento de amostras do produto sob condições controladas e a realização de análises regulares, para garantir que ele atende às especificações após 12, 24 ou mais meses.

Exemplo II: fabricação de comprimidos

Na produção de comprimidos, a validação do processo abrange a verificação de parâmetros críticos, como pressão de compactação, tempo de mistura e teor de umidade. Assegurar que tais parâmetros obedeçam aos limites especificados é indispensável para desenvolver comprimidos consistentes em termos de peso, dureza e dissolução.

Exemplo III: processos de esterilização

Em produtos que requerem esterilização, como soluções injetáveis, a validação é necessária para assegurar que o processo de esterilização seja eficaz e que não haja contaminação microbiológica.

Mediante a validação de processos, a indústria farmacêutica logra fornecer produtos seguros e eficazes aos pacientes, garantindo que a qualidade seja mantida em todas as etapas do processo de fabricação. Além disso, essa abordagem ajuda a atender às exigências regulatórias e a minimizar os riscos à saúde dos pacientes.

5.6 Boas práticas de fabricação (BPF): fundamentos e aplicação na indústria farmacêutica

As BPF representam um conjunto de diretrizes e normas que regulamentam a produção de produtos farmacêuticos a fim de garantir sua qualidade, segurança e eficácia. Não por acaso, a aplicação rigorosa de tais práticas é obrigatória na indústria farmacêutica, para atender aos elevados padrões de qualidade e de conformidade regulatória. Tendo isso em mente, a seguir, apresentaremos alguns exemplos de não conformidades para abordar as BPF, sua aplicação e suas consequências.

5.6.1 BPF

As BPF são um conjunto de regras e regulamentos estabelecidos por agências regulatórias, tais como a FDA, a Anvisa e a EMA, com o objetivo de assegurar a qualidade e a segurança dos produtos farmacêuticos. Elas abrangem várias áreas-chave da fabricação, incluindo:

- **Instalações**: devem ser projetadas e mantidas de modo que minimizem riscos de contaminação cruzada e garantam condições adequadas de higiene.
- **Controle de processos**: todos os processos de fabricação devem ser cuidadosamente controlados e documentados, para assegurar a consistência e a qualidade dos produtos.
- **Documentação e registros**: as empresas farmacêuticas são obrigadas a manter registros detalhados de todas as operações, desde a produção até o controle de qualidade.
- **Qualificação e treinamento**: os funcionários devem ser devidamente qualificados e treinados para desempenhar suas funções de acordo com os padrões estabelecidos.
- **Testes de controle de qualidade**: os produtos farmacêuticos precisam ser submetidos a testes rigorosos, a fim de se atestar que respeitem as especificações de qualidade.
- **Gestão de mudanças**: as alterações nos processos de fabricação devem ser documentadas e justificadas, para evitar impactos negativos na qualidade.

Exemplos de não conformidades e consequências

A não conformidade com as BPF pode acarretar consequências graves, incluindo riscos à saúde dos pacientes, *recalls* de produtos, aplicação de sanções regulatórias e danos à reputação da empresa. Com base no exposto, fornecemos, a seguir, alguns exemplos de não conformidades e suas consequências.

Exemplo I: falha na limpeza e descontaminação

- Não conformidade: uma empresa negligencia a limpeza adequada dos equipamentos usados na produção de medicamentos, o que ocasiona a presença de resíduos e impurezas em lotes subsequentes.
- Consequências: os produtos farmacêuticos podem ser contaminados, o que significa risco para a saúde dos pacientes. Diante disso, é possível que a empresa arque com altos custos em virtude dos *recalls*, além de sofrer a aplicação de multas regulatórias e, sem dúvida, de ter sua reputação manchada.

Exemplo II: controle de processo inadequado

- Não conformidade: uma organização não monitora adequadamente os parâmetros críticos de um processo de fabricação, resultando em produtos que não atendem às especificações de qualidade.
- Consequências: os produtos comercializados podem se mostrar ineficazes ou inseguros. Com isso, os pacientes não receberão o tratamento adequado, e a empresa enfrentará ações regulatórias, sofrerá a aplicação de multas e, com efeito, perderá a confiança do mercado.

Exemplo III: documentação insuficiente

- Não conformidade: uma empresa não mantém registros adequados de seus processos de fabricação e testes de controle de qualidade.
- Consequências: a negligência da organização dificulta a rastreabilidade e a capacidade de comprovar sua conformidade com as BPF. Por isso, serão aplicadas ações regulatórias e auditorias prolongadas, o que poderá acarretar potenciais interrupções na produção.

No Quadro 5.1, a seguir, observe um exemplo simplificado que ilustra a aplicação das BPF, as não conformidades e suas consequências.

Quadro 5.1 – Exemplos de não conformidades e consequências

Área das BPF	Não conformidade	Consequências
Limpeza e descontaminação	Negligência na limpeza adequada de equipamentos	Produtos contaminados, *recalls*, multas regulatórias
Controle de processo	Monitoramento inadequado de parâmetros críticos	Produtos fora das especificações, risco à saúde dos pacientes
Documentação e registros	Falha na manutenção de registros	Rastreabilidade comprometida, auditorias prolongadas
Qualificação e treinamento	Funcionários não qualificados ou treinados	Potencial risco para a qualidade e a segurança dos produtos

Por meio da aplicação rigorosa das BPF, a indústria farmacêutica objetiva atestar que seus produtos são seguros, eficazes e de alta qualidade, atendendo aos mais altos padrões regulatórios. Além disso, as não conformidades podem acarretar sérias implicações. Portanto, a adesão criteriosa às BPF é fulcral para proteger a saúde dos pacientes e a integridade das empresas farmacêuticas.

5.7 Sistemas de rastreabilidade

Os sistemas de rastreabilidade são determinantes para garantir a segurança do paciente na indústria farmacêutica. A esse respeito, comentamos seu funcionamento e relevância:

- **Rastreamento de origem**: cada medicamento produzido é associado a um número de lote exclusivo, o qual possibilita rastrear a origem do produto, já que fornece informações detalhadas sobre onde e quando o medicamento foi fabricado, as matérias-primas utilizadas e os procedimentos de fabricação empregados. Caso ocorram problemas de qualidade ou segurança, os sistemas de rastreabilidade tornam viável uma investigação rápida e precisa para determinar a causa do problema.

- **Monitoramento da cadeia de suprimentos**: os sistemas de rastreabilidade não se limitam à fábrica; eles se estendem a toda a cadeia de suprimentos, desde a fabricação até a distribuição. Em outras palavras, a organização pode monitorar a movimentação de seus produtos à medida que eles passam pelos diversos estágios de distribuição até o resultado final. Assim, torna-se possível identificar prontamente qualquer desvio ou situação negativa que venha a afetar a qualidade como um todo.
- **Recall eficaz**: em cenários críticos – por exemplo, diante da descoberta de um medicamento fora das especificações de qualidade ou que representa um risco para a saúde dos pacientes –, os sistemas de rastreabilidade são imprescindíveis para um *recall* eficaz. A empresa pode determinar rapidamente quais lotes foram afetados e retirá-los do mercado antes que cheguem aos pacientes, evitando danos à saúde.
- **Proteção contra produtos falsificados**: tais sistemas também são vitais na proteção contra produtos farmacêuticos falsificados, pois ajudam a verificar a autenticidade dos produtos ao longo da cadeia de suprimentos, assegurando que os pacientes recebam medicamentos genuínos e seguros.

5.7.1 Importância do número de lote e da data de validade

O número de lote e a data de validade são dois elementos críticos nos sistemas de rastreabilidade, pois exercem um impacto significativo na segurança do paciente.

- **Número de lote**: cada lote de produtos farmacêuticos é identificado por um número de lote exclusivo. Esse número é uma parte essencial do sistema de rastreabilidade, pois possibilita a associação direta entre um produto e seu histórico de produção. Assim, em caso de problemas, como reações adversas ou defeitos, a empresa imediatamente consegue identificar o lote do produto em questão, o que é fundamental para um *recall* eficaz e, consequentemente, para a proteção dos pacientes.

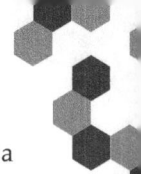

- **Data de validade**: a data de validade indica o período durante o qual determinado medicamento é considerado seguro e eficaz. Isto é, após a data estipulada, não há garantia de que o produto mantenha sua qualidade e eficácia. Portanto, os pacientes não devem utilizar medicamentos com data de validade vencida, uma vez que isso pode acarretar a ineficácia do tratamento e, até mesmo, causar riscos à saúde.

No Quadro 5.2, a seguir, observe um exemplo de como o número de lote e a data de validade se apresentam nos sistemas de rastreabilidade.

Quadro 5.2 – Lote e data nos sistemas de rastreabilidade

Componente	Função	Importância
Número de lote	Rastreamento de origem, identificação de problemas	Fornecer informações detalhadas sobre a origem de cada lote, viabilizando o rastreamento completo e a investigação eficaz em caso de problemas.
Data de validade	Garantia de qualidade e segurança	Indicar o período durante o qual o medicamento é seguro e eficaz. Evitar o uso após a data de validade é mandatório para proteger a saúde dos pacientes.

O número de lote e a data de validade são elementos de grande relevo nos sistemas de rastreabilidade. Afinal, trata-se de informações que proporcionam um rastreamento preciso, garantindo que os pacientes recebam medicamentos seguros, eficazes e autênticos. Logo, esses sistemas, para além de protegerem a saúde dos pacientes, possibilitam manter a integridade da indústria farmacêutica como um todo.

5.8 Gestão de documentação

Na garantia da qualidade na indústria farmacêutica, a gestão da documentação é de extrema relevância. A documentação adequada é indispensável para fazer valer as BPF e regulamentações, assegurando a qualidade, a segurança e a eficácia dos produtos farmacêuticos.

Portanto, a seguir, trataremos da importância da documentação e explicaremos como os sistemas eletrônicos auxiliam na gestão eficaz das informações.

5.8.1 Documentação adequada em processos de garantia da qualidade

A documentação adequada é crucial para a garantia da qualidade na indústria farmacêutica e envolve os seguintes aspectos:

- **Registro de processos**: documentar todos os processos de fabricação, testes e procedimentos é essencial para assegurar que os produtos sejam consistentes e atendam às especificações de qualidade. Isso inclui detalhes a respeito de matérias-primas, métodos de produção, parâmetros críticos, procedimentos de controle de qualidade e validação de processos.
- **Rastreabilidade**: com a documentação adequada, é possível rastrear a origem e o destino de cada lote de produto, o que contribui para manter o total controle da produção ao longo de toda a cadeia de suprimentos, o que é vital para *recalls* eficazes e investigações em caso de problemas.
- **Conformidade regulatória**: a documentação é uma exigência regulatória para cumprir as BPF e outras regulamentações. Nesse sentido, a ausência de uma documentação adequada pode acarretar ações regulatórias, multas e não conformidades.

- **Melhoria contínua**: a documentação também representa uma ferramenta de melhoria contínua, pois facultam às empresas analisar dados em uma perspectiva cronológica, identificar tendências e promover ajustes para aprimorar processos e produtos.

5.8.2 Como sistemas eletrônicos auxiliam na gestão de documentos

Os sistemas eletrônicos auxiliam na gestão de documentos na indústria farmacêutica. Nesse sentido, eles proporcionam as seguintes vantagens:

- **Armazenamento centralizado**: proporcionam o armazenamento centralizado de documentos, garantindo o fácil acesso e evitando a perda de informações. Isso é especialmente importante em casos que envolvem uma grande quantidade de documentos.
- **Controle de versões**: facilitam o controle de versões, confirmando que as informações se mantenham atualizadas e reflitam as práticas mais recentes.
- **Segurança e acesso controlado**: oferecem níveis avançados de segurança e controle de acesso; com efeito, apenas pessoas autorizadas têm acesso aos documentos.
- **Facilidade de pesquisa e recuperação**: viabilizam pesquisas eficientes e a recuperação rápida de documentos, favorecendo a economia de tempo e facilitando a localização de informações específicas.
- ***Backup* e recuperação de dados**: fornecem opções de *backup* e recuperação de dados, contribuindo para a manutenção de valiosas informações.
- **Integração com outros sistemas**: podem ser integrados a outros sistemas de controle de qualidade, automação e gerenciamento de processos, promovendo uma abordagem mais holística para a garantia da qualidade.

Esses sistemas também estão alinhados às atuais tendências referentes à redução do uso de papel e à melhoria da eficiência, tornando a gestão de documentos mais eficaz e sustentável. Portanto, os sistemas eletrônicos são fundamentais para uma eficaz gestão de documentos, pois facilitam o armazenamento, o controle, a segurança e a acessibilidade das informações, contribuindo para a excelência na garantia da qualidade.

5.9 Auditorias e inspeções na indústria farmacêutica

Auditorias e inspeções garantem a qualidade e conformidade dos produtos. Esses processos são conduzidos por autoridades regulatórias, como a Anvisa, assegurando que as BPF sejam rigorosamente seguidas. Durante as auditorias, são avaliados aspectos como controle de qualidade, procedimentos de fabricação, armazenamento e documentação. A conformidade estrita é essencial para garantir a segurança dos medicamentos e a confiança dos consumidores. As inspeções frequentes também incentivam a inovação e a melhoria contínua, contribuindo para o aprimoramento constante dos padrões da indústria farmacêutica.

5.9.1 Auditorias internas e externas

Auditorias e inspeções são componentes cruciais para a garantia da qualidade na indústria farmacêutica. Elas contribuem para a verificação e a validação dos processos, atestando a conformidade regulatória e a qualidade dos produtos.

Diante do exposto, neste subcapítulo, exploraremos o propósito e a realização das auditorias, destacando a importância da preparação para inspeções regulatórias. Além disso, trataremos dos conceitos de não conformidades e ações corretivas e preventivas (Capa).

5.9.2 Propósito e realização de auditorias na indústria farmacêutica

As auditorias têm o propósito de verificar se as operações e práticas da indústria farmacêutica obedecem às regulamentações e aos padrões de qualidade previamente estabelecidos. Nesse sentido, elas servem para as seguintes finalidades:

- **Assegurar a qualidade**: garantir que os produtos farmacêuticos atendam às especificações de qualidade, sejam seguros e eficazes para uso.
- **Atestar a conformidade regulatória**: certificar-se de que a empresa está aderindo às BPF e a outras regulamentações relevantes.
- **Identificar não conformidades**: reconhecer as áreas cujas operações porventura não respeitam as regulamentações e os padrões de qualidade.

As auditorias podem ser conduzidas internamente, por uma equipe da própria empresa, ou externamente, por terceiros independentes, como agências regulatórias ou clientes. Em qualquer caso, elas envolvem a revisão de documentos, a realização de entrevistas com funcionários, bem como inspeções no local e avaliações de processos.

5.9.3 Preparação para inspeções regulatórias

A preparação para inspeções regulatórias é de extrema importância. Isso porque as consequências de uma inspeção malsucedida podem ser sérias, incluindo a aplicação de multas, atrasos na aprovação de produtos e impactos negativos na reputação da empresa. Algumas medidas-chave de preparação são estas:

- **Avaliação antecipada**: avaliar os processos internos, identificar áreas de possível não conformidade e tomar medidas corretivas antecipadas.
- **Treinamento de funcionários**: assegurar que os funcionários estejam cientes dos procedimentos de inspeção, saibam como responder às perguntas dos inspetores e sigam as BPF.
- **Documentação adequada**: certificar-se de que a documentação esteja completa, precisa e prontamente acessível para os inspetores.
- **Revisão de processos críticos**: revisar cuidadosamente os processos críticos, como a fabricação e o controle de qualidade, a fim de atestar sua conformidade.
- **Simulações de inspeção**: promover simulações de inspeção internas para treinar a equipe e identificar as áreas que precisem ser otimizadas.

5.9.4 Não conformidades e ações corretivas e preventivas (Capa)

As não conformidades se referem à identificação de desvios com relação aos padrões de qualidade ou às regulamentações durante auditorias ou inspeções. Sob essa perspectiva, as ações corretivas e preventivas (Capa) consistem em processos estruturados para lidar com as não conformidades, o que envolve as seguintes ações:

- **Identificação de não conformidades**: identificar, documentar e avaliar a gravidade das não conformidades.
- **Implementação de ações corretivas**: implementar ações imediatas para corrigir as não conformidades, resolver problemas rapidamente e evitar recorrências.
- **Implementação de ações preventivas**: identificar a causa raiz das não conformidades e efetivar ações preventivas a fim de evitar recorrências.

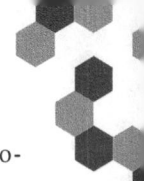

- **Monitoramento e verificação**: monitorar continuamente o progresso das ações corretivas e preventivas para garantir sua eficácia.

Casos práticos de resolução de problemas

A seguir, listamos alguns exemplos de resolução de problemas envolvendo não conformidades:

- **Não conformidade 1**: durante uma auditoria, o responsável identifica uma falha no sistema de controle de qualidade que liberou, para o mercado, produtos fora das especificações.
  - **Ação corretiva**: recolher os produtos fora das especificações e analisar os processos de controle de qualidade com a intenção de estabelecer a causa raiz do problema.
  - **Ação preventiva**: reforçar os procedimentos de controle de qualidade, executar verificações adicionais e treinar os funcionários para evitar recorrências.
- **Não conformidade 2**: ao longo de uma inspeção, o responsável descobre que os procedimentos de limpeza de equipamentos não são rigorosamente seguidos pela empresa.
  - **Ação corretiva**: revisar os processos de limpeza, levando os funcionários a entenderem a importância dos procedimentos correlacionados, e promover limpezas adicionais em equipamentos afetados.
  - **Ação preventiva**: implementar um sistema de monitoramento a fim de garantir que os procedimentos de limpeza sejam sempre seguidos.

A Capa é uma ferramenta poderosa para abordar não conformidades, corrigir problemas e prevenir recorrências, contribuindo para a melhoria contínua e a garantia da qualidade na indústria farmacêutica.

5.10 Desafios atuais e futuros na garantia da qualidade na indústria farmacêutica

A garantia da qualidade na indústria farmacêutica enfrenta vários desafios, os quais estão intrinsecamente relacionados ao ambiente de negócios em constante evolução e às crescentes expectativas de qualidade e segurança dos pacientes. Tendo isso em mente, finalizaremos este capítulo discutindo os desafios atuais e algumas tendências futuras.

Desafios atuais

- **Tecnologia de fabricação avançada**: a indústria farmacêutica está passando por uma transformação significativa por conta do advento de tecnologias avançadas, como a impressão 3D de medicamentos, bem como as terapias celulares e genéticas. Por isso, a garantia da qualidade deve se adaptar a essas novas possibilidades, assegurando que os produtos sejam fabricados de maneira consistente e respeitando as regulamentações.
- **Cadeia de suprimentos global**: a complexidade da cadeia de suprimentos global representa um grande desafio. Isso porque a indústria farmacêutica depende de matérias-primas, ingredientes e produtos de todo o mundo. Consequentemente, há risco de ocorrerem interrupções na cadeia de suprimentos, a exemplo do que ocorreu durante a pandemia de Covid-19, entre 2020 e início de 2023.
- **Regulamentações em evolução**: as regulamentações estão sempre passando por alterações para se adaptarem às novas tecnologias e aos desafios de segurança. Por isso, manter-se atualizado com essas mudanças e garantir a conformidade são desafios contínuos.
- **Produtos de terceirização (CMO/CDMO)**: muitas empresas farmacêuticas terceirizam a fabricação de produtos para organizações

de fabricação por contrato (CMOs/CDMOs). Esse cenário adiciona complexidade à garantia da qualidade, exigindo rigoroso monitoramento e controle de terceiros.
- **Qualidade de dados e análises**: a qualidade dos dados é incontornável, pois as decisões de garantia da qualidade são baseadas em informações precisas. Assim, assegurar a integridade e confiabilidade dos dados é um desafio em um ambiente no qual circula um grande volume de informações.

Tendências futuras

- **Indústria 4.0 e digitalização**: a digitalização e a adoção de conceitos da Indústria 4.0 estão moldando o futuro da garantia da qualidade. Sensores, análise de dados em tempo real e sistemas de monitoramento automatizados melhorarão a detecção precoce de problemas de qualidade e permitirão a avaliação de conformidade em tempo real.
- **Inteligência artificial (IA) e aprendizado de máquina**: a IA e o aprendizado de máquina serão usados na análise de dados, na previsão de problemas de qualidade e na otimização de processos de produção.
- **Medicamentos personalizados**: a demanda por medicamentos personalizados aumentará a complexidade na garantia de qualidade. Afinal, como cada lote de medicamentos poderá ser único, será necessário recorrer a abordagens de qualidade mais flexíveis e adaptáveis.
- **Monitoramento da cadeia de suprimentos inteligente**: a tecnologia *blockchain* e outras soluções de rastreabilidade assegurarão a visão em tempo real da cadeia de suprimentos, facilitando a detecção e a rápida resposta a problemas de qualidade.
- **Regulamentações de medicamentos avançados**: impulsionadas pelo desenvolvimento de terapias genéticas e pela crescente

integração de *smartphones* em tratamentos médicos, as regulamentações estão passando por constantes transformações. O advento do Big Data nesse contexto também tem impacto significativo. As evoluções visam garantir a qualidade, a segurança e a eficácia dos tratamentos inovadores. Nesse cenário dinâmico, as regulamentações se adaptam para abordar desafios e oportunidades emergentes, incorporando estratégias que consideram a interconexão entre dados, tecnologias móveis e terapias avançadas.

- **Sustentabilidade e práticas verdes**: a sustentabilidade é uma preocupação crescente. Por essa razão, a indústria farmacêutica tende a adotar comportamentos mais sustentáveis, os quais também afetarão a garantia da qualidade, incluindo a redução de resíduos e o uso sustentável de recursos.

Lidar com esses desafios e tendências futuras exigirá uma abordagem proativa e adaptativa na garantia da qualidade. Nessa ótica, a capacidade de inovação, a conformidade com as regulamentações em evolução e a integração de tecnologias emergentes serão fundamentais na indústria farmacêutica.

Síntese

O controle e a garantia da qualidade em farmácia abrangem um conjunto de práticas e processos essenciais para assegurar a integridade, a eficácia e a segurança dos produtos farmacêuticos.

Nesse sentido, o controle de qualidade é uma vertente crítica que envolve a aplicação de normas e procedimentos rigorosos, desde a produção até a distribuição. Paralelamente, a garantia de qualidade transcende essas etapas, abarcando a concepção, o desenvolvimento e a entrega ao consumidor.

Para saber mais

No artigo indicado, os autores destacam a importância do setor de segurança no mercado farmacêutico brasileiro. A Anvisa dedica atenção especial à qualidade dos produtos, promovendo consultas públicas e estabelecendo uma rigorosa legislação. Nesse sentido, as farmácias estão obrigadas a implantar tais diretrizes. Os consumidores e reguladores, especialmente nas farmácias de manipulação, partilham a responsabilidade de garantir a qualidade dos medicamentos, e o compromisso com as preparações locais é vital para os farmacêuticos que seguem a legislação e fazem testes de controle de qualidade. Sob essa ótica, a abordagem colaborativa e comprometida reforça a confiança e a segurança na oferta de produtos farmacêuticos, o que se reflete na relevância da atuação dos profissionais da área.

PETROCELI, R. N. da S.; BAIENSE, A. S. R. Papel do farmacêutico na garantia do controle de qualidade da farmácia magistral. **Revista Ibero-Americana de Humanidades, Ciências e Educação**, v. 9, n. 4, p. 358-370, 2023. Disponível em: <https://periodicorease.pro.br/rease/article/view/9179/3603>. Acesso em: 21 fev. 2024.

Questões para revisão

1. Qual é o propósito da garantia da qualidade na indústria farmacêutica?
    a) Aumentar os custos de produção.
    b) Assegurar a conformidade com as regulamentações.
    c) Acelerar o processo de fabricação.
    d) Maximizar os lucros da empresa.
    e) Promover a inovação tecnológica.

2. O que são as boas práticas de fabricação (BPF) na indústria farmacêutica?
   a) Diretrizes para reduzir a eficiência da produção.
   b) Normas de segurança alimentar.
   c) Padrões éticos de negócios.
   d) Regras para atestar a qualidade e a segurança dos produtos farmacêuticos.
   e) Recomendações para a terceirização de produção.

3. Assinale a alternativa que apresenta um desafio atual da garantia da qualidade na indústria farmacêutica:
   a) A falta de regulamentações.
   b) A simplicidade da cadeia de suprimentos global.
   c) A tecnologia de fabricação ultrapassada.
   d) A ausência de auditorias internas.
   e) A evolução da regulamentação e da tecnologia.

4. Explique a importância da rastreabilidade na garantia da qualidade na indústria farmacêutica e como ela contribui para o efetivo controle dos produtos. Qual é o principal objetivo desse processo e como ele impacta positivamente a identificação da origem de produtos em situações problemáticas relacionadas à qualidade?

5. Explique o papel das ações corretivas e preventivas (Capa) no contexto da garantia de qualidade na indústria farmacêutica.

Questão para reflexão

1. Considerando a importância do controle e da garantia de qualidade dos medicamentos, quais são os impactos significativos de eventuais falhas nesses processos na saúde pública e na confiança dos consumidores? Em que medida a ausência ou negligência nas práticas de controle de qualidade pode afetar a eficácia e a segurança dos

medicamentos disponíveis no mercado? Qual é a responsabilidade ética das indústrias farmacêuticas e dos profissionais de saúde para assegurar a qualidade de tais produtos?

Capítulo 6
Estudos de caso

Patrícia Rondon Gallina Menegassa e
Vinícius Bednarczuk de Oliveira

Conteúdos do capítulo:

- Estudos de caso referentes aos conteúdos abordados na obra.

Após o estudo deste capítulo, você será capaz de:

1. aplicar os conceitos estudados em diferentes cenários da indústria farmacêutica.

6.1 Introdução aos estudos de caso

Neste capítulo final, debatemos alguns estudos de caso, a fim de tratarmos de situações vivenciadas na indústria farmacêutica. O intuito é proporcionar uma análise aprofundada de desafios específicos, além de oferecer soluções inovadoras e aprendizados essenciais. Desse modo, promovemos aqui uma visão pragmática da implementação de tecnologias, práticas de controle de qualidade e estratégias na produção farmacêutica. Assim, intencionamos enriquecer e consolidar os conceitos que abordamos ao longo do livro mediante propostas de aplicação prática.

6.2 Envelhecimento cutâneo

A paciente Joana, 53 anos, dirigiu-se a uma farmácia de manipulação e solicitou o auxílio do farmacêutico Pedro para desenvolver um protocolo de cuidados faciais capaz de minimizar os efeitos aparentes do envelhecimento cutâneo no rosto dela. Ao profissional, ela contou que assistiu a vários vídeos na internet e que, por isso, sabe exatamente do que precisa. Animada, Joana descreveu uma lista de ativos em potencial que deveriam fazer parte de sua fórmula, uma vez que conhece os efeitos de cada ativo e sabe a melhor forma de utilizá-los.

Depois de ouvir atentamente as sugestões de Joana, o farmacêutico lhe perguntou se ela tinha alguma recomendação dermatológica para a administração de tais produtos. Ao confirmar que a paciente não havia passado por nenhuma avaliação e/ou acompanhamento prévio de um profissional especializado, Pedro sugeriu dar início ao atendimento farmacêutico com uma anamnese. Ele explicou que o objetivo desse documento médico é conhecer o histórico e as queixas da paciente, a fim de compreender suas necessidades e, depois disso, prescrever um cosmético adequado.

O questionário elaborado pelo farmacêutico foi aplicado em um ambiente no qual Joana se sentia confortável, pois não estaria sujeita a interrupções de raciocínio. O documento contava com perguntas abertas e fechadas, elaboradas com o intuito de contemplar seu histórico presente e progresso, assim como seu histórico familiar, além de abordar em detalhes suas queixas estéticas.

Após a anamnese, Pedro destacou os itens de maior incômodo relatados pela paciente:

- linhas de expressão;
- manchas superficiais;
- linhas do tipo código de barras na região labial;
- flacidez.

Ainda, o farmacêutico Pedro notou que Joana não seguia nenhuma rotina de cuidados diários. Por isso, explicou-lhe a importância de inserir no seu dia a dia uma prática de cuidados básicos com a pele, pois não seria possível obter resultados satisfatórios para o tratamento de antienvelhecimento se a pele não estivesse preparada para receber os devidos ativos.

Considerando o contexto, o profissional recomendou à paciente Joana o protocolo de cuidados expresso no Quadro 6.1.

Quadro 6.1 – Sugestões de cuidados diários para a paciente Joana

Rotina da manhã	Rotina da noite
Limpar a pele com leite de limpeza facial com ação antioxidante.	Limpar a pele com leite de limpeza facial com ação antioxidante.
Passar hidratante para a área dos olhos (blefaroplastia sem cortes) e hidratante firmador facial no restante do rosto.	Passar gel-creme Opala Powder *cream* para código de barras.
Utilizar filtro solar fator 60 ou maior.	Hidratar a pele com creme antiglicação, antirradicais livres, antipoluição e reparação completa 50+.

Pedro prescreveu estas fórmulas para a paciente:

I. Leite de limpeza facial com ação antioxidante
   Damasco extrato glicólico _____ 2,0%
   Romã extrato glicólico _____ 2,0%
   Chá-verde extrato glicólico _____ 2,0%
   Lauril sulfato de sódio _____ 0,75%
   Loção base não iônica q.s.p. _____ 100 mL

II. Hidratante firmador facial
   Alistin _____ 1,0%
   Hydroxyprolisilane C _____ 2,0%
   DensiSkin _____ 3,0%
   Base Hydra Fresh q.s.p. _____ 20 g

III. Creme para a área dos olhos – blefaroplastia sem cortes
   Beautifeye _____ 3,0%
   Idealift _____ 3,0%
   Essenskin _____ 3,0%
   Sérum q.s.p. _____ 20 g

IV. Antiglicação, antirradicais livres, antipoluição e reparação completa 50+
   Hydropom _____ 2,0%
   Collrepair DG _____ 5,0%
   Astrion _____ 5,0%
   Exo-P _____ 3,0%
   Loção não iônica qsp _____ 20 g

V. Opala Powder *cream* para código de barras
   Opala Powder *cream* _____ 0,5%
   IDP-2 peptídeo _____ 3,0%
   Vegetensor _____ 2,0%
   Gel-creme Aristoflex AVL q.s.p. _____ 20 g

Então, o farmacêutico ensinou a paciente a utilizar cada um dos produtos prescritos, mas explicou que não poderia manipular o protetor solar, uma vez que a farmácia não trabalhava com os ativos necessários para isso. Portanto, Joana teria que encontrar uma opção já disponível que lhe agradasse.

Seguindo uma conduta ética, Pedro acolheu a paciente e ouviu todas as queixas dela. Embora Joana estivesse determinada a solicitar a manipulação de produtos cosméticos cujos ativos foram previamente escolhidos por ela, o farmacêutico preferiu conduzir uma análise das necessidades da paciente antes de fazer a prescrição, por compreender que antes de manipular, seria necessário investigar as reais necessidades da paciente, bem como o atual estado da pele de Joana. O objetivo dessa conduta era avaliar a viabilidade de uso das substâncias, as quais deveriam ser compatíveis com a pele da paciente e com as formulações disponíveis na farmácia, além de analisar os outros ativos que estariam presentes na mesma formulação.

Ao receber uma demanda de manipulação na farmácia, a responsabilidade do farmacêutico é avaliar a possibilidade de aviar ou não a formulação, além de sempre manipular produtos prescritos por profissionais devidamente qualificados. Portanto, caso surja uma demanda solicitada pelos próprios pacientes, é ainda mais importante analisar as possibilidades de elaborar ou não determinadas fórmulas, já que os clientes não têm conhecimento técnico para a autoprescrição. Nesse contexto, caberá ao farmacêutico definir os melhores caminhos para o tratamento.

Perguntas & respostas

1. Para que o farmacêutico tenha os conhecimentos e as habilidades necessárias para prescrever e manipular cosméticos, qual deve ser sua formação acadêmica?

> Resposta: A graduação em Farmácia permite que o profissional prescreva produtos classificados como isentos de prescrição e os manipule. Contudo, considerando as possibilidades de aperfeiçoamento, é recomendável ingressar em cursos de pós-graduação ou cursos livres na área de cosmetologia que proporcionem um conhecimento abrangente – o qual deve ser constantemente atualizado.

6.3 A indústria de cosméticos

Atualmente, a indústria de cosméticos é um dos segmentos mais importantes da economia mundial e proporciona constantes inovações tanto para os produtos quanto para o processo de fabricação. Esse mercado compreende pequenos produtores regionais, empresas de médio porte e multinacionais, que abastecem toda a cadeia de produção dos produtos de higiene pessoal, cosméticos e perfumaria.

Portanto, trata-se de um amplo campo de atuação para os farmacêuticos, que podem desenvolver atividades nos seguintes setores: pesquisa e desenvolvimento; controle de qualidade; assuntos regulatórios; cosmetovigilância; *marketing* de produtos; gestão; logística de transporte.

Para o desenvolvimento de um produto cosmético, é necessário que o departamento de pesquisa e desenvolvimento promova diversos testes para identificar as características físico-químicas adequadas ao produto, as propriedades cosméticas que proporcionarão os benefícios desejados, além das condições de conservação e estabilidade.

Nessa ótica, uma equipe deve ser responsável pela criação de produtos em bancada, os chamados *pilotos* ou *protótipos*, que são as primeiras versões do produto a ser desenvolvido. Assim, será possível verificar, na prática, as características desejadas e, ao mesmo tempo, utilizar pouca matéria-prima, até que se encontre a condição ideal do cosmético em questão. Além disso, o protótipo deverá ser submetido a todos os possíveis ensaios que comprovem sua segurança e eficácia, a fim de que a formulação seja aprovada.

Após a aprovação do produto, ele seguirá para a fábrica, onde será produzido em grande escala. Nesse momento, é possível que alguns ajustes se façam necessários. Por exemplo: a substituição dos equipamentos que farão a manipulação do produto, a adequação do tempo de produção e a seleção da quantidade de matéria-prima envolvida para a elaboração de grandes remessas. O processo que envolve essas etapas é denominado *escalonamento*.

Considerando o contexto exposto, suponha que uma indústria de cosméticos desenvolveu em bancada a seguinte formulação, que leva 30 minutos para ser produzida:

Creme hidratante diário para pele seca

DensiSkin	2,0%
Óleo de Argan	2,5%
Matrixyl	3,0%
Adipofill	2,0%
Base Ômega Gold q.s.p.	20 g

Qual deverá ser a conduta do farmacêutico para proceder ao escalonamento do produto? Primeiramente, ele deverá verificar se a organização dispõe do maquinário especializado para reproduzir em grande escala a produção, levando em consideração a quantidade de matéria-prima em peso e a potência que ele é capaz de utilizar. Na sequência, terá de disponibilizar as matérias-primas em quantidade suficiente para a produção, de acordo com os devidos cálculos para determinar a quantidade de cada uma. Por fim, ele terá de considerar o tempo gasto para a produção e a disponibilidade de embalagens para o envase. Somente depois dessa análise, será possível dar início à manipulação de um lote piloto, indispensável para determinar se, após o escalonamento, as propriedades originais do cosmético serão mantidas ou, em caso negativo, promover os ajustes mais adequados ao processo.

Existem *softwares* que executam os cálculos para o escalonamento. De todo modo, é essencial que o farmacêutico seja capaz de conferir as informações e observar se estão corretas, o que pode ser facilmente verificado por meio de cálculos envolvendo regra de três.

Perguntas & respostas

1. Qual é a quantidade necessária de cada matéria-prima a seguir para produzir 20 g do creme hidratante de cuidado diário para pele seca?

Resposta:

- **DensiSkin**
  20 g – 100%
  X – 2,0%
  X = 0,4 g

- **Óleo de Argan**
  20 g – 100%
  X – 2,5%
  X = 0,5 g

- **Matrixyl**
  20 g – 100%
  X – 3,0%
  X = 0,6 g

- **Adipofill**
  20 g – 100%
  X – 2,0%
  X = 0,4 g

- **Base Ômega Gold**
  (0,4 g + 0,5 g + 0,6 g + 0,4 g) – 20 g = 18,1g

6.4 Desvio de qualidade no controle de qualidade farmacêutico

Imagine que você é o diretor de garantia da qualidade em uma renomada indústria farmacêutica que produz um importante medicamento para o tratamento de doenças crônicas. Após uma série de testes de controle de qualidade, foram identificados desvios em vários parâmetros de qualidade em um lote de medicamento recém-fabricado. Os resultados dos testes e das especificações estão apresentados na Tabela 6.1.

Tabela 6.1 – Controle de qualidade de medicamento de doenças crônicas

Número do controle	Potência (%)	Pureza (%)	Teor de impurezas (%)	Data de validade
001	102,5	98,0	1,2	15/10/2023
002	99,8	97,5	1,4	15/10/2023
003	101,2	99,0	1,1	15/10/2023
004	98,7	97,8	1,3	15/10/2023
005	103,0	98,5	1,5	15/10/2023

Perguntas & respostas

Com base nos resultados apresentados na tabela, como você abordaria esse desvio de qualidade levando em conta a potência, a pureza, o teor de impurezas e a data de validade dos controles? Ainda, descreva as etapas que você seguiria para investigar e resolver essa situação.
1. Qual é o principal problema identificado na potência dos controles de qualidade?
    a) A potência abaixo do limite inferior.
    b) A potência acima do limite superior.
    c) A potência dentro das especificações.

d) A falha na data de validade.
e) A ausência de problemas na potência.

Resposta: a

2. Qual é o desvio de qualidade identificado na pureza dos controles?
   a) A pureza acima do limite superior.
   b) A pureza dentro das especificações.
   c) A pureza abaixo do limite inferior.
   d) Não há desvio de qualidade na pureza.
   e) A data de validade está incorreta.

Resposta: c

3. Qual dos parâmetros de qualidade está fora das especificações em todos os controles?
   a) A potência.
   b) A pureza.
   c) O teor de impurezas.
   d) A data de validade.
   e) Todos os parâmetros estão dentro das especificações.

Resposta: c

4. Descreva o passo a passo que você seguiria para investigar essa situação e resolvê-la:

Resposta:
   I. **Identificação da causa raiz**: fazer investigação abrangente para identificar a causa raiz dos desvios em potência, pureza e teor de impurezas, o que envolveria uma análise detalhada dos procedimentos de fabricação, armazenamento e testagem.
   II. **Avaliação da data de validade**: verificar se a data de validade dos controles de qualidade está correta e se não houve equívocos de registro.

III. **Avaliação das especificações**: revisar as especificações para a potência, a pureza e o teor de impurezas, a fim de se certificar que tais especificações são apropriadas para o medicamento e estão em conformidade com as regulamentações.
IV. **Análise de processo**: investigar as fases do processo de fabricação, incluindo as etapas de mistura, preparação, envase e armazenamento dos controles. Qualquer desvio ou falha no processo que possa afetar a qualidade dos controles deve ser identificado.
V. **Ações corretivas**: com base na identificação da causa raiz, implementar ações corretivas, o que poderia englobar a revisão e a melhoria dos procedimentos de fabricação, o treinamento da equipe, a recalibração de equipamentos e a realização de ajustes nas formulações.
VI. **Verificação e reteste**: após a implementação das ações corretivas, promover testes adicionais com o intuito de verificar se, agora, os controles de qualidade atendem às especificações, considerando que os controles só podem ser liberados para uso se respeitarem os padrões estabelecidos.
VII. **Documentação completa**: documentar, de modo completo e preciso, as ações, os resultados dos testes e todas as etapas de investigação.
VIII. **Comunicação externa**: se necessário, comunicar a situação à agência regulatória competente, garantindo a transparência e a conformidade com as regulamentações.
IX. **Monitoramento contínuo**: implantar um sistema de monitoramento contínuo para garantir que as ações corretivas sejam eficazes e evitar recorrências do desvio.

6.5 Controle de qualidade e garantia de qualidade do ibuprofeno

Suponha que você é o gerente de qualidade em uma empresa farmacêutica que produz ibuprofeno, um medicamento amplamente utilizado para o alívio da dor e da inflamação. Durante a análise de controle de qualidade, foram coletadas amostras de um lote de ibuprofeno e verificou-se que alguns resultados não atenderam às especificações da Farmacopeia Brasileira. Observe, a seguir, os resultados dos testes e as especificações do ibuprofeno:

- Especificações farmacopeicas para o ibuprofeno:
  - potência (teor de ibuprofeno): 95% a 105%;
  - pureza (teor de impurezas): máximo de 0,5% de impurezas individuais;
  - dissolução: mínimo de 80% dissolvido em 45 minutos.
- Resultados do controle de qualidade do lote de ibuprofeno:
  - potência: 104,2%;
  - pureza (teor de impurezas):
    - impureza A: 0,2%;
    - Impureza B: 0,6%;
    - impureza C: 0,3%.
  - Dissolução: 78%.

Perguntas & respostas

1. Dos resultados obtidos pelo controle de qualidade, qual deles não obedece às especificações farmacopeicas?
   a) Potência.
   b) Pureza (impureza A).

c) Pureza (impureza A e C).
d) Pureza (impureza C).
e) Dissolução.

Resposta: e

2. Quando o resultado da dissolução está abaixo das especificações farmacopeicas, há indicativo de que:
   a) o teor de impurezas é muito alto.
   b) o medicamento não é eficaz.
   c) o medicamento não se dissolve adequadamente no trato gastrointestinal.
   d) o teor de ibuprofeno está abaixo do mínimo.
   e) a pureza está acima dos limites.

Resposta: c

3. Qual dos parâmetros de qualidade do ibuprofeno está dentro das especificações farmacopeicas?
   a) Potência.
   b) Pureza (impureza A).
   c) Pureza (impureza B).
   d) Pureza (impureza C).
   e) Nenhum.

Resposta: a

4. O que seria necessário para resolver o desvio na dissolução do lote de ibuprofeno?
   a) Aumentar o teor de impurezas.
   b) Recolher todo o lote do mercado.
   c) Refazer a formulação do medicamento.
   d) Investigar a causa do desvio e ajustar o processo de fabricação.
   e) Atribuir a não conformidade a erro humano.

Resposta: d

5. Qual é o papel da garantia de qualidade em uma situação como essa?
   a) Fabricar o medicamento.
   b) Verificar a conformidade com as regulamentações.
   c) Embalar o medicamento.
   d) Comercializar o medicamento.
   e) Diagnosticar doenças relacionadas ao medicamento.

Resposta: b

6.6 Análise bromatológica de massa de pão de trigo

Considere que você é um farmacêutico de alimentos de um laboratório que faz o controle de qualidade em uma pequena indústria que produz pães de trigo de alto padrão. Depois de a empresa receber reclamações de clientes a respeito de diferenças na qualidade dos pães, você decide conduzir uma análise bromatológica abrangente em amostras de massa de pão de trigo a fim de identificar possíveis variações na composição nutricional e de avaliar se os pães respeitam os padrões de qualidade estabelecidos.

Dados da análise bromatológica

Amostras de massa de pão de trigo foram coletadas e submetidas a uma análise bromatológica completa, que indicou as seguintes médias:

- umidade: 40%;
- proteínas: 12%;
- lipídios: 4%;
- carboidratos: 42%;
- fibra alimentar: 2%;
- cinzas: 2%.

Na Tabela 6.2, estão expressos os padrões da composição nutricional do pão de trigo.

Tabela 6.2 – Padrões de composição nutricional para a massa de pão de trigo

Componente nutricional	Padrão médio (%)	Faixa aceitável (%)
Umidade	40	38 - 42
Proteínas	12	11 - 13
Lipídios	4	3 - 5
Carboidratos	42	40 - 45
Fibra alimentar	2	1 - 3
Cinzas	2	1 - 2

Na tabela, estão listados os padrões médios de composição nutricional, bem como as faixas aceitáveis para cada componente. Tais informações fornecem uma clara referência para avaliar os resultados da análise bromatológica e determinar se as amostras da massa de pão de trigo obedecem aos padrões estabelecidos.

Perguntas & respostas

1. Com base nos dados da análise bromatológica, o que você pode constatar considerando a composição nutricional das amostras de massa de pão de trigo?
    a) A umidade é muito baixa para pães de trigo.
    b) O teor de proteínas é ideal para a formação da estrutura do pão.
    c) A quantidade de lipídios é a principal fonte de energia.
    d) Os carboidratos são muito escassos na massa de pão de trigo.
    e) A fibra alimentar representa a maior parte do conteúdo da massa.

Resposta: b

2. Quais fatores podem influenciar as variações na composição nutricional da massa de pão de trigo e afetar a qualidade do pão?
   a) O tamanho das amostras de massa.
   b) Variações na umidade das matérias-primas.
   c) A quantidade de análises bromatológicas realizadas.
   d) A origem geográfica do laboratório.
   e) A cor da embalagem dos pães.
Resposta: b

3. Considerando os resultados da análise bromatológica, que medida você recomendaria para garantir uma produção consistente de pães de trigo de alta qualidade na padaria?
   a) Aumentar a umidade da massa.
   b) Selecionar farinhas de trigo de baixa qualidade.
   c) Não controlar o processo de fermentação.
   d) Variar as fórmulas e ingredientes a cada lote.
   e) Investir em treinamento de pessoal e equipamentos precisos de medição.
Resposta: e

Síntese

Apresentamos, neste capítulo, alguns estudos de caso referentes aos conteúdos discutidos ao longo da obra, a fim de clarificarmos a aplicação da teoria estudada.

Para saber mais

No artigo indicado a seguir, aborda-se o impacto do desenvolvimento científico e tecnológico, ao lado de políticas de redução de custos em medicamentos, no acesso da população a opções terapêuticas,

> como medicamentos genéricos, biossimilares, nanomedicamentos e complexos não biológicos. Na avaliação do cenário brasileiro, os autores destacam desafios iminentes, baseando-se em mais de 50 artigos científicos pesquisados nas bases Medline, PubMed e SciELO. Os achados das pesquisas analisadas apontam a existência de problemas na fabricação e no controle de genéricos e biossimilares, o que evidencia a necessidade de uma legislação específica.
>
> BARATA-SILVA, C. et al. Desafios ao controle da qualidade de medicamentos no Brasil. **Cadernos Saúde Coletiva**, v. 25, n. 3, p. 362-370, 2017. Disponível em: <https://www.scielo.br/j/cadsc/a/zdJBkFCB9tKdFSg897P4Bvb/?format=pdf&lang=pt>. Acesso em: 18 dez. 2023.

Questões para revisão

1. Sobre o uso de cosméticos, avalie as afirmativas a seguir:
   I) A rotina de cuidados é fundamental para manter a saúde da pele.
   II) Os cuidados devem ser centralizados no período da noite, para prolongar o tempo de atuação na pele.

   Agora, assinale a alternativa correta:

   a) As afirmativas I e II estão corretas, sendo uma o complemento da outra.
   b) A afirmativa I está correta, mas só poderá ser efetivada se for realizada de acordo com a afirmativa II, pois é uma consequência desta ação.
   c) As afirmativas I e II estão corretas, sendo a afirmativa I uma justificativa da II.
   d) Apenas a afirmativa I está correta, já que embora a afirmativa II possa ser realizada, não se trata da única opção.

e) Nenhuma das afirmativas está correta.

2. Um produto é fabricado em uma empresa com uma taxa de produção constante de 0,5 kg por hora. A empresa opera em turnos de 12 horas por dia. Se durante o escalonamento o tempo de produção for mantido, quantos dias, aproximadamente, serão necessários para se produzir 10 kg dessa formulação?
   a) 10.
   b) 5.
   c) 3.
   d) 17.
   e) 21.

3. Na farmacotécnica, a tecnologia farmacêutica é crucial para a formulação de medicamentos. Qual é objetivo do processo de granulação na produção de comprimidos?
   a) Aumentar a solubilidade do princípio ativo.
   b) Melhorar a estabilidade física do medicamento.
   c) Reduzir o tamanho das partículas do agente aglutinante.
   d) Minimizar a absorção gástrica do fármaco.
   e) Promover a liberação imediata do princípio ativo.

4. Explique qual é o papel das enzimas na indústria farmacêutica, destacando ao menos duas aplicações específicas em processos de produção de medicamentos. Além disso, construa um argumento que explicite em que medida a compreensão da cinética enzimática se mostra essencial para otimizar tais processos.

5. Discorra acerca da importância da bromatologia para a segurança alimentar, abordando a análise de alimentos e a relevância dos métodos bromatológicos na identificação de adulterações e na garantia da qualidade nutricional. Destaque ao menos duas técnicas

específicas de análise bromatológica e comente o papel de cada uma na avaliação de alimentos.

Questão para reflexão

1. Considere a interconexão entre enzimologia, bromatologia e controle de qualidade na produção de alimentos. Como as enzimas presentes nos alimentos podem afetar a qualidade nutricional durante o processamento e armazenamento? Além disso, reflita sobre a importância das técnicas de análise bromatológica e controle de qualidade na identificação de alterações enzimáticas e na garantia da segurança alimentar. Como a compreensão desses elementos pode contribuir para aprimorar a qualidade e segurança dos produtos alimentícios em nossa sociedade?

Considerações finais

Neste livro, empreendemos uma análise ampla e aprofundada da tecnologia farmacêutica, englobando áreas como cosmetologia, farmacotécnica, enzimologia, bromatologia e controle de qualidade. Mediante uma exposição clara e concisa, exploramos conceitos teóricos e práticos, a fim de fornecer aos leitores uma compreensão holística do assunto.

Com relação à cosmetologia, o profissional farmacêutico pode se beneficiar desta leitura ao adquirir uma base sólida para o desenvolvimento e a avaliação de produtos cosméticos inovadores e eficazes. A análise dos princípios da cosmetologia, desde a estrutura da pele até os mecanismos de ação dos ingredientes cosméticos, capacita o profissional a formular produtos que atendam aos padrões de segurança e eficácia.

Quanto à farmacotécnica, abordamos o preparo das formulações farmacêuticas, delineando, de maneira abrangente, os processos e métodos relacionados à manipulação e à produção de medicamentos.

Ademais, explicitamos que a enzimologia possibilita compreender a ação das enzimas nos processos bioquímicos do corpo humano e sua relação com os medicamentos. Nesse sentido, o conhecimento enzimológico garante ao farmacêutico as bases necessárias para contribuir com a elaboração de novos fármacos, além do conhecimento de diversas condições patológicas.

No âmbito da bromatologia, discutimos alguns princípios tidos como essenciais para o farmacêutico, fornecendo *insights* sobre a ciência que estuda os alimentos. Nosso intuito foi fornecer ao profissional que atua na indústria alimentícia ou na saúde pública o embasamento científico para entender a composição química dos alimentos, os métodos de análise e os fatores que influenciam a qualidade dos produtos alimentícios.

Ao tratarmos do controle da qualidade, enfatizamos a importância desse aspecto na indústria farmacêutica, que abarca várias etapas do processo de produção de fármacos, da seleção de matérias-primas até o produto final, assegurando a qualidade, a segurança e a eficácia dos medicamentos.

Em suma, promovemos, nesta obra, uma compreensão abrangente e interdisciplinar das áreas cruciais para a atuação na saúde. Desse modo, as noções aqui expostas servem ao objetivo de capacitar o farmacêutico a fornecer contribuições mais completas e eficazes em relação à pesquisa, ao desenvolvimento, à produção e ao controle de qualidade de medicamentos, cosméticos e alimentos.

Referências

ANVISA – Agência Nacional de Vigilância Sanitária. **Farmacopeia Brasileira**. 6. ed. Brasília, 2019a. v. 1. Disponível em: <https://www2.fcfar.unesp.br/Home/Instituicao/Departamentos/principiosativosnaturaisetoxicologianovo/farmacognosia/farmacopeia-6-edicao.pdf>. Acesso em: 26 nov. 2023.

ANVISA – Agência Nacional de Vigilância Sanitária. Resolução n. 10, de 21 de março de 2011. **Diário Oficial da União**, Brasília, 2011. Disponível em: <https://bvsms.saude.gov.br/bvs/saudelegis/anvisa/2011/rdc0010_21_03_2011.html>. Acesso em: 21 fev. 2024.

ANVISA – Agência Nacional de Vigilância Sanitária. Resolução n. 14, de 31 de março de 2010. **Diário Oficial da União**, Brasília, 2010a. Disponível em: <https://bvsms.saude.gov.br/bvs/saudelegis/anvisa/2010/rdc0014_31_03_2010.html>. Acesso em: 21 fev. 2024.

ANVISA – Agência Nacional de Vigilância Sanitária. Resolução n. 17, de 16 de abril de 2010. **Diário Oficial da União**, Brasília, 2010b. Disponível em: <https://bvsms.saude.gov.br/bvs/saudelegis/anvisa/2010/res0017_16_04_2010.html>. Acesso em: 18 dez. 2023.

ANVISA – Agência Nacional de Vigilância Sanitária. Resolução n. 31, de 11 de agosto de 2010. **Diário Oficial da União**, Brasília, 2010c. Disponível em: <https://bvsms.saude.gov.br/bvs/saudelegis/anvisa/2010/res0031_11_08_2010.html>. Acesso em: 18 dez. 2023.

ANVISA – Agência Nacional de Vigilância Sanitária. Resolução n. 44, de 9 de agosto de 2012. **Diário Oficial da União**, Brasília, 2012. Disponível em: <https://bvsms.saude.gov.br/bvs/saudelegis/anvisa/2012/rdc0044_09_08_2012.html>. Acesso em: 18 dez. 2023.

ANVISA – Agência Nacional de Vigilância Sanitária. Resolução n. 71, de 22 de dezembro de 2009. **Diário Oficial da União**, Brasília, 2009. Disponível em: <https://bvsms.saude.gov.br/bvs/saudelegis/anvisa/2009/res0071_22_12_2009.html>. Acesso em: 21 fev. 2024.

ANVISA – Agência Nacional de Vigilância Sanitária. Resolução n. 166, de 24 de julho de 2017. **Diário Oficial da União**, Brasília, 25 jul. 2017a. Disponível em: <https://antigo.anvisa.gov.br/documents/10181/2721567/RDC_166_2017_COMP.pdf>. Acesso em: 21 fev. 2024.

ANVISA – Agência Nacional de Vigilância Sanitária. **Resolução n. 200**, de 26 de dezembro de 2017. **Diário Oficial da União**, Brasília, 28 dez. 2017b. Disponível em: <https://antigo.anvisa.gov.br/documents/10181/3836387/%283%29RDC_200_2017_COMP.pdf>. Acesso em: 21 fev. 2024.

ANVISA – Agência Nacional de Vigilância Sanitária. **Resolução n. 234**, de 20 de junho de 2018. **Diário Oficial da União**, Brasília, 2018. Disponível em: <https://fitoterapiabrasil.com.br/legislacao/rdc-no-234-de-20-de-junho-de-2018>. Acesso em: 21 fev. 2024.

ANVISA – Agência Nacional de Vigilância Sanitária. **Resolução n. 269**, de 22 de setembro de 2005. **Diário Oficial da União**, Brasília, 2005. Disponível em: <https://bvsms.saude.gov.br/bvs/saudelegis/anvisa/2005/rdc0269_22_09_2005.html>. Acesso em: 21 fev. 2024.

ANVISA – Agência Nacional de Vigilância Sanitária. **Resolução n. 275**, de 21 de outubro de 2002. **Diário Oficial da União**, Brasília, 6 nov. 2002. Disponível em: <https://bvsms.saude.gov.br/bvs/saudelegis/anvisa/2002/anexos/anexo_res0275_21_10_2002_rep.pdf>. Acesso em: 18 dez. 2023.

ANVISA – Agência Nacional de Vigilância Sanitária. **Resolução n. 301**, de 21 de agosto de 2019. **Diário Oficial da União**, Brasília, 22 ago. 2019b. Disponível em: <https://www.in.gov.br/en/web/dou/-/resolucao-rdc-n-301-de-21-de-agosto-de-2019-211914064>. Acesso em: 21 fev. 2024.

ANVISA – Agência Nacional de Vigilância Sanitária. **Resolução n. 406**, de 22 de julho de 2020. **Diário Oficial da União**, Brasília, 29 jul. 2020. Disponível em: <https://antigo.anvisa.gov.br/documents/10181/4858873/RDC_406_2020_.pdf>. Acesso em: 21 fev. 2024.

APOLINÁRIO, A. C. et al. Abrindo a caixa de pandora dos nanomedicamentos: há realmente muito mais 'espaço lá embaixo'. **Química Nova**, v. 43, n. 2, p. 212-225, 2020. Disponível em: <http://static.sites.sbq.org.br/quimicanova.sbq.org.br/pdf/RV20190374.pdf>. Acesso em: 29 nov. 2023.

ARAÚJO, B. M. **Novas formas farmacêuticas:** uso de sistemas poliméricos nanoparticulados na vetorização de fármacos. 30 f. Trabalho de Conclusão de Curso (Especialização em Vigilância Laboratorial em Saúde Pública) – Secretaria de Estado da Saúde de São Paulo, Instituto Adolfo Lutz, São Paulo, 2019. Disponível em: <https://docs.bvsalud.org/biblioref/2019/08/1010239/bruno_tcc_final.pdf>. Acesso em: 18 dez. 2023.

BRASIL. Decreto n. 2.055, de 19 de dezembro de 1857. **Coleção de Leis do Brasil**, p. 496, v. 18. Disponível em: <https://www2.camara.leg.br/legin/fed/decret/1824-1899/decreto-2055-19-dezembro-1857-497822-publicacaooriginal-1-pe.html>. Acesso em: 21 fev. 2024.

BRASIL. Lei n. 8.078, de 11 de setembro de 1990. **Diário Oficial da União**, Poder Legislativo, Brasília, 12 set. 1990. Disponível em: <https://www.planalto.gov.br/ccivil_03/leis/l8078compilado.htm>. Acesso em: 21 fev. 2024.

BRASIL. Lei n. 9.695, de 20 de agosto de 1998. **Diário Oficial da União**, Poder Legislativo, Brasília, 21 ago. 1998. Disponível em: <https://www.planalto.gov.br/ccivil_03/leis/l9695.htm>. Acesso em: 21 fev. 2024.

BRASIL. Lei n. 9.782, de 26 de janeiro de 1999. **Diário Oficial da União**, Poder Legislativo, Brasília, 27 jan. 1999. Disponível em: <https://www.planalto.gov.br/ccivil_03/leis/l9782.htm>. Acesso em: 21 fev. 2024.

BRASIL. Ministério da Saúde. Secretaria de Vigilância Sanitária. Portaria n. 519, de 26 de junho de 1998. **Diário Oficial da União**, 1998. Disponível em: <https://bvsms.saude.gov.br/bvs/saudelegis/svs1/1998/prt0519_26_06_1998.html>. Acesso em: 21 fev. 2024.

CRF-GO – Conselho Regional de Farmácia do Estado de Goiás. **Cartilha de legislações farmacêuticas**. Disponível em: <https://crfgo.org.br/img/cartilha_legislacoes_farmaceuticas.pdf>. Acesso em: 21 fev. 2024.

FAO – Organização das Nações Unidas para Alimentação e Agricultura. **About Codex Alimentarius**. Disponível em: <https://www.fao.org/fao-who-codexalimentarius/about-codex/en/#c453333>. Acesso em: 21 fev. 2024.

MENDONÇA, E. Vendas de HPPC no Brasil atingem R$ 124,5 bilhões em 2021. **Cosmetic Innovation**, 18 maio 2022. Disponível em: <https://cosmeticinnovation.com.br/vendas-de-hppc-no-brasil-atingem-r-1245-bilhoes-em-2021>. Acesso em: 21 fev. 2024.

MINAS GERAIS. Secretaria de Estado de Saúde. **Produtos para saúde**. Disponível em: <https://www.saude.mg.gov.br/cer/page/471-gerencia-de-vigilancia-sanitaria-de-medicamentos-e-congeneres-produtos-para-saude-sesmg>. Acesso em: 21 fev. 2024.

NELSON, D. L.; COX, M. M. **Princípios de bioquímica de Lehninge**r. 8. ed. Porto Alegre: Artmed, 2022.

PEZZINI, B. R.; SILVA, M. A. S.; FERRAZ, H. G. Formas farmacêuticas sólidas orais de liberação prolongada: sistemas monolíticos e multiparticulados. **Revista Brasileira de Ciências Farmacêuticas**, v. 43, n. 4, p. 491-502, 2007. Disponível em: <https://www.scielo.br/j/rbcf/a/YDwWx4fBWxYJrQFykyrCCMq/?format=pdf&lang=pt>. Acesso em: 18 dez. 2023.

PINTO, M. de S.; ALPIOVEZZA, A. R.; RIGHETTI, C. **Garantia da qualidade na indústria cosmética**. São Paulo: Cengage Learning Brasil, 2014.

SAGRILLO, F. S.; DIAS, F. R. F.; TOLENTINO, N. M. C. **Processos produtivos em biotecnologia**. São Paulo: Saraiva, 2015.

SCHAFFAZICK, S. R. et al. Caracterização e estabilidade físico-química de sistemas poliméricos nanoparticulados para administração de fármacos. **Química Nova**, v. 26, n. 5, p. 726-737, 2003. Disponível em: <https://www.scielo.br/j/qn/a/sjkQhvTyn78qtr8SnmkdVgC/?format=pdf&lang=pt>. Acesso em: 18 dez. 2023.

SCHMIDELL, W. et al. **Biotecnologia industrial**: engenharia bioquímica. São Paulo: Blucher, 2019. v. 2.

ZERBINI, A. P. N. A.; FERRAZ, H. G. Sistemas multiparticulados: minicomprimidos. **Revista de Ciências Farmacêuticas Básica e Aplicada**, v. 32, n. 2, p. 149-158, 2011. Disponível em: <https://rcfba.fcfar.unesp.br/index.php/ojs/article/view/339/337>. Acesso em: 18 dez. 2023.

Respostas

Capítulo 1
Questões para revisão

1. São importantes na medida em que cada paciente é único, isto é, tem características e limitações próprias, a exemplo de crianças e idosos, que têm maior dificuldade de deglutição, assim como pacientes internados ou em atendimento de emergência necessitam de uma ação imediata.
2. As emulsões são formas farmacêuticas consideradas únicas graças à sua capacidade excepcional de incorporar princípios ativos de maneira eficaz. Sua vantagem distintiva reside na natureza bifásica, em que a fase oleosa e aquosa coexistem, proporcionando um ambiente favorável à dissolução e estabilização de diversos tipos de substâncias ativas. Essa peculiaridade possibilita que as emulsões sejam mais facilmente formuladas e incorporadas a princípios ativos em comparação com outras formas farmacêuticas. A capacidade de acomodar tanto compostos hidrofílicos quanto lipofílicos lhes confere uma versatilidade notável na formulação de medicamentos, ampliando as opções terapêuticas disponíveis. Além disso, a estabilidade das emulsões favorece a administração, a absorção e, por conseguinte, a eficácia dos princípios ativos. Desse modo, as emulsões são frequentemente preferidas na indústria farmacêutica, por conta de sua flexibilidade única e de sua eficiência na entrega de substâncias ativas.
3. a
4. d
5. e

Capítulo 2
Questões para revisão
1. a
2. a
3. Romper a tensão superficial nas formulações.
4. Bastão e *stick*.
5. b

Capítulo 3
Questões para revisão
1. b
2. d
3. b
4. A análise bromatológica é crucial para garantir a qualidade e a segurança dos alimentos, pois proporciona uma avaliação detalhada da composição nutricional dos produtos. Esse processo visa assegurar que os alimentos estejam em conformidade com as regulamentações de segurança alimentar, garantindo que sejam seguros para o consumo humano. Ademais, por meio dessa análise, é possível identificar e quantificar os nutrientes presentes nos alimentos, além de detectar possíveis contaminantes ou adulterantes.
5. Os principais riscos alimentares microbianos incluem microrganismos patogênicos, como a *Salmonella* e a *Escherichia coli*. Tais riscos podem ser evitados por meio da implementação de boas práticas de higiene durante todo o processo de produção de alimentos, desde a colheita até a distribuição. Ainda, a pasteurização e a esterilização são medidas eficazes para eliminar ou reduzir a carga microbiana nos alimentos. Essas práticas ajudam a prevenir surtos de doenças transmitidas por alimentos e promover a segurança alimentar.

Capítulo 4
Questões para revisão
1. c
2. b
3. c
4. Boas práticas de manipulação (BPM).
5. Promover o treinamento inicial e contínuo dos funcionários, para que estejam cientes de todas as normas das BPF; realizar processos de qualificação e validação; ou seja, os medicamentos devem ser fabricados em conformidade com os padrões de qualidades exigidos; os materiais, recipientes e rótulos devem ser apropriados para uso; os procedimentos e as instruções devem ser aprovados; o armazenamento e o transporte adequados demandam a existência de registros de produção.

Capítulo 5
Questões para revisão
1. b
2. d
3. e
4. A rastreabilidade na indústria farmacêutica ajuda a garantir a qualidade, na medida em que facilita a identificação da origem de produtos, especialmente em situações adversas relacionadas à qualidade. Ao contrário das opções que sugerem custos adicionais, burocracia desnecessária, complexidade ou redução da conformidade regulatória, a rastreabilidade visa fortalecer o controle efetivo de produtos farmacêuticos. Esse processo não apenas assegura a qualidade dos produtos, como também proporciona uma resposta rápida e eficiente em casos de problemas, contribuindo para a segurança do consumidor e o cumprimento das normas regulatórias vigentes.
5. As ações corretivas e preventivas (Capa) no contexto da garantia da qualidade na indústria farmacêutica compõem um processo estruturado para

lidar com não conformidades e prevenir recorrências. Tais ações visam não somente à correção de problemas identificados, como também à implementação de medidas preventivas para evitar futuras ocorrências de cenários desfavoráveis. Por exemplo, se uma não conformidade em um processo de fabricação é identificada, a ação corretiva pode envolver ajustes imediatos para resolver o problema. Simultaneamente, a ação preventiva pode abordar as causas subjacentes ao contexto, introduzindo alterações nos procedimentos que objetivem evitar recorrências similares. Dessa forma, elas são indispensáveis para a melhoria contínua e para a garantia da qualidade nos processos e produtos farmacêuticos.

Capítulo 6
Questões para revisão
1. d
2. b
3. b
4. As enzimas auxiliam em processos como a síntese de antibióticos e a produção de agentes terapêuticos específicos. Por exemplo, a enzima ligase é utilizada na síntese de moléculas complexas, e enzimas de restrição são empregadas na manipulação de material genético para a produção de medicamentos de terapia gênica. Sob essa ótica, compreender a cinética enzimática é essencial para ajustar as condições de reação e otimizar a eficiência desses processos.
5. Na segurança alimentar, a bromatologia é de extrema relevância para avaliar a composição química e a qualidade nutricional dos alimentos. A análise, mediante técnicas como cromatografia e espectroscopia, viabiliza identificar adulterações, a presença de contaminantes e a quantificação de nutrientes. Assim, a determinação de parâmetros como teor de lipídios, proteínas e carboidratos por técnicas bromatológicas é determinante para assegurar a qualidade dos alimentos e fornecer informações importantes para a saúde pública.

Sobre os autores

Vinícius Bednarczuk de Oliveira
É graduado em Farmácia Industrial pela Universidade Tuiuti do Paraná (2007), especialista em Gestão de Processos e da Qualidade pelo Centro Universitário Internacional Uninter (2020), mestre (2012) e doutor (2016) em Ciências Farmacêuticas pela Universidade Federal do Paraná com ênfase em química de produtos naturais. Atua na pesquisa e na docência com foco em plantas medicinais e medicamentos fitoterápicos, especialmente nas esferas química e farmacológica.

Patrícia Rondon Gallina Menegassa
É graduada em Farmácia com atuação generalista pelo Centro Universitário Campos de Andrade (2015), MBA em Farmácia Estética pelo Centro Universitário Ingá (2018) e MBA em Gestão Comercial, Planejamento e Estratégia pelo Centro Universitário Internacional Uninter (2020). Além disso, é mestra em Ciências Farmacêuticas com ênfase em nanotecnologia pela Universidade Federal do Paraná (2023). Dedica-se à profissão farmacêutica, com foco nos cuidados relacionados à saúde em empresas privadas.

Paulo Henrique Gouveia
É graduado em Farmácia com atuação generalista pela Universidade Federal do Paraná (2016), especialista em Farmácia Clínica pela Faculdade Pequeno Príncipe (2018) e em Saúde da Família pela Secretaria Municipal de Saúde de Curitiba em parceria com a Faculdade Pequeno Príncipe (2022). É mestrando no Programa de Pós-Graduação em Ciências Farmacêuticas da Universidade Federal do Paraná, na

área de estudo Avaliação de Tecnologias em Saúde. Dedica-se à profissão farmacêutica, com ênfase e experiência em farmácia magistral, indústria de insumos, farmácia clínica e serviço farmacêutico e, mais recentemente, à docência, ao ensino e à pesquisa no ensino superior.

Karolina Marques Rodrigues
É graduada em farmácia pela Universidade Santa Cecília (2015) e mestra em Ciências Biológicas (Biologia Molecular) pela Universidade Federal de São Paulo (2018). Dedica-se à pesquisa na área de biologia molecular e atua como docente de cursos superiores vinculados à saúde.